景氣不好人人慘，公司倒臺

大翻盤！企業反敗爲勝啟示錄

九大外企奇蹟復活的祕密，不該只有你被蒙在鼓裡！

石曉林，伍祚祥——著

債臺高築×周轉不靈×品管問題

商場如戰場，各式各樣的狀況層出不窮

如何挽回股東和客戶的信任？

怎樣扭轉局面，避免陷入破產的泥沼？

一本書帶你看盡九大外企如何反敗爲勝、起死回生！

目錄

目錄

目錄

前言

俗語說天有不測風雲，這句話用來形容企業所遇到的各式各樣的危機應該非常貼切。市場猶如戰場，充滿著各種不確定因素，作為市場主體的企業若不能洞察先機，隨機應變，很難在日益激烈的商業競爭中立足。通觀當今世界風雲，可能有一帆風順的企業，但那只是暫時的、靜態的或是某一時期的特殊存在方式。而大多數企業，包括那些矗立於世界商業之林的名牌大企業，無一不是經歷風吹雨打，幾起幾落，千錘百鍊的結果。失敗是痛苦的，但是對於真正的勝利者而言，失敗又何嘗不是一筆財富？

本書所選取的九個企業都曾遭遇過嚴重危機，有的甚至可算是滅頂之災。然而它們沒有被暫時的困難和突如其來的危機嚇倒，而能在風浪中前行，透過各種方式，充分利用各自的優勢和資源，頑強地與困難搏鬥，最終戰勝困難，度過危機，反敗為勝。從它們的事例中我們可以得出這樣的結論：失敗並不可怕，重要的是有勇氣面對失敗，並採取有效措施，最終才能東山再起。自暴自棄或怨天尤人都於事無補。

吃一塹，長一智。優秀的企業都是累積經驗教訓的高手，失敗對於它們來說是鋪路石，而絕非絆腳石。所謂「前車之鑑」，只要是嘗試，總會有不盡如人意的時候，怎能保證每次都

前言

順順利利呢？唯有累積一個個前車之鑑，並使之成為我們的財富，才有可能反敗為勝。

本書選取的這九個企業在《財富》雜誌（Fortune）世界500大排行榜上都享有盛名，人們的日常生活或許離不開它們。越是人們熟悉的例子、越是與人們生活息息相關的企業，越有代表性，原因主要有三個：

1. 這些企業具有的代表性，它們和各國企業遭遇或可能遭遇的情況差不多，值得借鑑。
2. 這些知名企業雖然譽滿全球，一般人都聽說過它們的名字，但是對於大多數人而言，可能只知道名稱，即使天天使用它們生產的產品、享受它們提供的服務，卻並不知道它們背後的辛酸故事。
3. 這些都是國際上的知名企業，在大多數人眼中它們非常強勢、一帆風順，發展道路應該毫無波折，但現實並非如此，他們同樣是在困難之中經過磨練，一步一腳印地在失敗和挫折中壯大起來的。介紹它們可以使盲目羨慕別人的人了解，世界知名企業也在走著同樣坎坷的路。

本書將編寫的重點放在如何反敗為勝這一部分，目的就是為了能夠提供值得借鑑的經驗。這些企業反敗為勝的經歷各有各的特色，他們所遭遇的事件各自不同，所以「翻盤」的重點也不同。有的注重企業文化，有的注重科技創新，有的注重服務領先，有的注重設計奇特，有的注重業務轉型，有的注重管理方式……各有千秋，各得其所。但可以肯定的是，他們成功轉敗為勝，是企業整體成長的結果。

加入世貿之後，各大企業都迎來了新的發展機會，同時也面臨著重大的挑戰。從國際企業反敗為勝的案例獲取有益的啟發，有助於我們更了解國際市場。學習這些企業的經營管理經驗，更重要的是吸取他們的教訓，避免重蹈覆轍，少走彎路。當然，還應該學習他們不畏艱難、敢作敢為的不屈精神，激勵自己在企業遇到困難時千萬不能氣餒，要沉著應戰，不可輕言放棄。

最後還是那句老話，雖然他山之石，可以攻錯，若是照抄照搬，我們還是學不到精髓。雖然別人的經驗能夠幫助我們更妥善處理所遇到的問題，但是有些時候它也會讓我們誤入歧途、遭受挫折。我們必須有意識地擺脫慣性思考的束縛，尋求創新。我們必須要覺察變化，以變應變。由於受各種條件的限制，別人的辦法不可避免地只適用於特定的時空條件和經驗主體，但是「兵無常勢，水無常形」，事物總是在不斷地變化發展，這就注定了我們不能抱著別人的經驗不放，一味地按照過去的經驗解決新的問題。當事物所在的時空條件發生變化的時候，我們就必須根據變化重新審視「他山之石」，看它在新的情況下是否仍然適用。或者常常問問自己：我的公司適用於這種情況嗎？還有沒有更好的解決方法呢？

前言

在編寫本書的過程之中，編者參閱了大量的資料，對資料進行了篩選取捨，力求詳實。編者對企業反敗為勝的關鍵有自己的觀點，融入了自己的想法，盡可能地分析得透徹詳細。本書的編寫工作得到了各位好友的大力支持和幫助，另外還得到了社會各界的支持，因名目眾多，不能一一列舉，在此一併謝過。衷心感謝大家對本書的支持！由於編者能力有限，編寫過程中難免有疏漏之處，還望各位讀者批評指正。

編者

第一章

枯木逢春的化工帝國 —— 杜邦

對於杜邦，你可以不知道它兩百多年的輝煌歷史，可以不了解它與戰爭有什麼樣的不解之緣，也可以不了解它與美國政府剪不斷理還亂的關係，但你卻沒法裝作不知道自己腳上的尼龍絲襪，沒法不知道你可能正在用的不沾鍋……因為這一切都和杜邦有關。

事實上，即使是像杜邦這樣有著 200 多年悠久歷史、業務遍布世界各地、產品與人們生活的各個方面都息息相關的大型跨國公司，即使是在政府當局的庇蔭之下，其從創業經營到日益壯大的過程，也並非我們想像的那樣一帆風順，同樣是遭受了創業的艱難、探索的徬徨、變革的痛苦等等磨難，才成就了今天的輝煌。縱觀其發展歷程中的點滴經驗，都可能成為各國企業快速發展的借鑑。

危機困擾百年巨人

杜邦從 1802 年創立起，就憑藉其產品的特殊用途，和美國政府保持非比尋常的關係，一路風調雨順，在戰爭年代裡大發戰爭橫財，蒸蒸日上。但是到 1970 年代，這位化學工業的百年巨人也開始出現了不少盛極而衰的跡象。長期以來，很多原先不被人們所關注的問題逐漸浮現，並且越來越嚴重地影響了杜邦的發展。杜邦似乎也變成了一個步履維艱的老人。

一、肥胖症困住百年巨人

西元 1802 年，伊盧戴．伊赫內．杜邦（Éleuthère Irénée du Pont）在美國德拉瓦州的威明頓以 6,740 美元的價格買下一座棉織工廠，開始生產火藥。這一舉動宣告了一個日後讓世界側目的軍火帝國的誕生 —— 杜邦。在接下來的一百多年時間裡，杜邦在第一世界大戰和第二次世界大戰中，大發戰爭橫財，使得自己的規模和勢力不斷擴大。

早在南北戰爭時期，杜邦公司就憑藉良好的公關能力，以及和政府要員的特殊友誼，使得自己在火藥業處於翹楚地位。為了進一步擴大自己的勢力，西元 1872 年 4 月，亨利．杜邦（Henry du Pont）帶頭組建了美國火藥同業公會（Gunpowder Trade Association），並以火藥同業公會賦予他的權力，對那些不加入同業公會的中小型火藥公司進行制裁，就這樣杜邦公司先後採用價格競爭等方式打垮了蘇必利爾湖火藥公司、赫克力士魚雷公司、赫克來火藥公司，同時，還透過收購股票、處罰違約公司等方式控制了幾個主要的對手。到西元 1881 年，杜邦就已經掌控了美國火藥工業的 85%。

進入 1970 年代，先前單純生產軍火的化學公司杜邦經過了一百多年的發展，相對於市場的變化，規模已經變得空前龐大，機構也顯得日益臃腫，管理的頭緒也就更覺得紛亂。克拉佛．格林沃特（Crawford Greenewalt）對此感觸頗深，他在

西元 1967 年時就指出：「機構龐大的負面影響之大，現在要開發能引起巨大迴響的產品都變得很困難。沒有一種新產品的開發能使利潤大大增加。」

由於機構龐大，使得公司不得不投入大量的人力物力，以加強基本建設和設備，這就必然加深了財政危機，使得公司在上百年的歷史中首次出現資金短缺、入不敷出的局面。而當時的經營者柯普蘭（Lammot du Pont Copeland）又好大喜功，使得這種資金短缺的局面不僅沒有得到解決，而且變得更加嚴重起來。在柯普蘭的主導之下，大量的資金被投入到基礎建設當中，西元 1962 年公司的基礎建設費用共 2.45 億美元，這已經是一個相當龐大的數字了，而 1963 年這個數字不僅沒有降低，反而增加到 3 億美元。1964 年在此基礎上略有下降，但仍為 2.96 億美元，到了 1965 年又躍升至 3.27 億美元，而且，又同時投入了 5.31 億美元的資金用於技術改造和設備更新。

如此龐大的支出並沒有產生「高投入帶來高收益」的結果，反而使得杜邦公司的流動資金顯得十分拮据，一下子就從原來的 6.24 億美元驟降到 2.27 億美元。這使得從不借貸以避免外來勢力滲透的杜邦一下子變得不堪重負，猶如因肥胖導致各種心血管疾病併發的老年人一樣步履維艱，公司的財政負擔導致生產、經營以及銷售各個方面都受到了空前的影響。杜邦公司因為它的龐大讓世界矚目，也因為自己的龐大，讓自己陷入泥沼，無力自拔。

二、驅不散的陰霾：反壟斷法

美國國會為了保護中、小型企業和消費者的利益，維護商業競爭和公平貿易，早在西元1890年發表了〈休曼法〉(*Sherman Act*) 和〈克萊登法〉(*Clayton Act*) 兩條反托拉斯法，隨後在1914年制定了〈聯邦貿易委員會法〉(*Federal Trade Commission Act*) 等法律條文，其目的就是限制大型企業的壟斷行為，為中、小型企業保留一點生存空間。

美國國會制定的反托拉斯法當然不是具體要針對哪家企業，但卻成為杜邦發展壯大過程中始終驅散不去的陰霾。

杜邦巨輪觸礁反托拉斯法

杜邦公司在兼併、收購同業上的一帆風順，讓它的胃口和擔子都越來越大，它接下來把眼光放在從公司離職的業務瓦德爾 (Robert S. Waddell) 開設的巴凱火藥公司 (Buckeye Powder Co.) 上頭。杜邦在吞併中小火藥公司上從來都不遺餘力，當他要求購買巴凱公司之意圖遭到拒絕後，杜邦當時的總裁柯爾曼惱羞成怒，不惜採取一切手段，如指使律師說項，甚至以經濟、價格競爭方式試圖打垮巴凱公司。

巴凱公司當然不是財大氣粗的杜邦公司的對手，在西元1907年終於被打垮。瓦德爾雖然在火藥業務上贏不過杜邦公司，可也非逆來順受的平庸之輩，他動用輿論力量抨擊杜邦公司

在競爭中的卑劣行為，甚至還於西元 1906 年 6 月 16 日發表了一封致美國總統和國會議員的公開信，揭露杜邦公司在經營、銷售等方面的種種不當行為，尤其是杜邦公司向政府出售火藥時在價格上所使用的詐欺手法，他們最後指出杜邦公司是一個絕對排外的壟斷企業。繼公開信之後，瓦德爾在各種場合都不遺餘力地向杜邦公司發動攻擊，如杜邦公司在壟斷火藥中的種種表現，不擇手段瘋狂地吞併中小企業，同時，還向聯邦政府提供了詳細的相關資料，以及杜邦公司在西元 1904 年大選中向美國第 26 屆總統西奧多・羅斯福（Theodore Roosevelt Jr.）捐款 7 萬美元的醜聞……

儘管杜邦公司在美國政界、軍界關係特殊，盤根錯節，但該公司的所作所為引起政府和輿論界的不齒，在大量的證據面前難逃被起訴的命運。西元 1939 年 6 月，聯邦司法部對國際氯氣協議的參與者提出起訴，涉及的對象主要是杜邦公司、英國的帝國公司（Imperial Chemical Industries Ltd）、德國的法本公司（I.G. Farben AG）及美國的聯合化工染料公司（Allied Chemical and Dye Corporation）等。聯邦司法部原本沒有把杜邦公司列入起訴對象，可是在對國際化學獨占聯盟的起訴中不可避免地會牽涉杜邦公司，杜邦公司多次因而被法庭傳訊或被迫出席相關聽證會。最後裁定，帝國公司、杜邦公司等 6 家公司共謀壟斷國際染料工業。

1943 年，杜邦公司和帝國公司又因捲入利用專利法來打壓鈦顏料競爭一案中被起訴。聯邦司法部最關注的是，杜邦公司與帝國公司之間的協議應要列為反托拉斯的重大目標。杜邦公司因為龐大規模和不可一世的野心，以及一次又一次觸動反托拉斯的底線，終於成為反托拉斯訴訟案中的常駐角色。

被迫和通用汽車剝離

當然，在聯邦司法部反托拉斯局控告杜邦公司的案件中，真正令杜邦公司坐立難安的還是通用汽車公司案。通用汽車公司（General Motors）是美國最大的汽車製造者，是杜邦公司投資的一大重點，杜邦公司已經占了通用汽車公司 23% 的股份，兼之杜邦家族的克里斯蒂安納證券公司（Christiana Securities Company）和德拉瓦房地產公司（Delaware Realty and Investment Company）也控制了一定數量的通用汽車公司股票，這就等於杜邦家族實際上操縱了通用汽車公司的經濟命脈和分紅大權。

杜邦公司透過控制通用公司的經營，把自己的產品源源不斷地以低價提供通用汽車公司，排擠市場上其他具有競爭力的商品，這顯然違反了休曼法。換句話說，杜邦公司對通用汽車公司具有重大影響，通用汽車已經成為杜邦公司的關聯企業，這也與〈克萊登法〉相牴觸。

起訴書最後要求法庭判決：取消杜邦公司與通用汽車公司

之間的一切合約，並強令杜邦公司將它握有的通用汽車公司和美國橡膠公司（U.S. Rubber Company）等企業的股票出售，以分散美國商界最大的商業集團。就這樣，一場使杜邦公司損失慘重的訴訟官司揭開了序幕。

杜邦公司關於通用汽車公司的訴訟案，經芝加哥聯邦地區法院作出初審判決：對聯邦政府的起訴予以駁回。但初審告捷，並不等於勝券在握。利令智昏的杜邦公司總裁竟然在初審後不久，立即作出再向通用汽車公司增資 7,500 萬美元投資的決定。

美國司法部掌握了足以擊敗杜邦公司的資料，隨即向聯邦最高法院上訴，並且加強收集證據。最後，最高法院指出：「通用汽車公司廣泛使用杜邦公司產品的做法，並不能遮掩證據清楚揭露的這個事實，即杜邦公司有意利用它掌握的股票來撬開通用汽車公司的採購市場，以鞏固它作為通用汽車公司汽車噴漆和人造革等汽車用材的首要供應商地位。」

就這樣，歷時兩年多的杜邦 —— 通用汽車公司案件最終以杜邦公司敗訴而結束。杜邦公司喪失了它對通用汽車公司的重大影響，先前對通用汽車公司生產經營的控制權也遂告終結。最令杜邦公司惶惑的是，它必須為自己生產的噴漆、人造皮革、橡膠等產品尋找新的客戶、開拓新的市場。然而，已經形成的大規模生產能力怎麼辦？到哪裡去尋找像通用汽車公司這樣的大客戶呢？這些問題不好好解決，杜邦公司的利潤將大為縮減。先前生產經營一直很成功的杜邦公司，每年的利潤都很驚人，然而，杜邦公司的利潤有 1/3 來自於通用汽車公司的紅利，失去通用公司這筆可觀利潤，將使杜邦公司的生產經營業績大受影響，與此相對應的是股票價格大幅下跌，杜邦家族的帳面資產損失十分驚人。

三、「無理」的祖訓

在杜邦公司上百年的歷史中，有不少值得弘揚的優良傳統，比如對科學研究和基礎研究的投入、重視機構的及時調整與重組、不斷開拓的進取精神、多樣化經營思路等等，這些都是很有意義的寶貴精神財富；但是，在經營策略上，也存在著很多僵化保守，因循守舊的陋習。比如令人十分不解的一條「祖訓」，一定要把投資報酬率固定在 10% 這個不可逾越的標準之上，如有逾越，再好的提案都會被否決的。這是來自杜邦創始者規定的「祖訓」，不可以打破。

即使像克拉佛這樣具有開拓精神的領導者，對祖先遺訓，也不敢越雷池一步！他甚至宣稱：「我寧願以 10% 的利潤做一筆 30 億美元的生意，而不願以 5% 甚至是 6% 的利潤做一筆 60 億美元的生意！」

這真是咄咄怪事！試想，只要有錢賺，且有大錢賺，何必一定要恪守什麼傳統「祖訓」呢？守著 10% 的「祖訓」不放，是與自己過不去呢？還是思考上的盲點呢？僅以簡單的數學計算就可以知道，10% 利潤的 30 億美元的生意與 5% 的 60 億美元的生

意沒有任何實質差異，僅僅為了這個可笑的傳統遺訓，竟然可以放棄大生意不做！如果是 6% 的 60 億美元的生意，這報酬率不是已經超過了舊標準的實際收益了嗎？杜邦公司卻寧願放棄。

像這種既無理又阻礙杜邦公司進一步發展的祖訓還有很多，比如盲目的排外。雖然杜邦公司很早就成為一家上市公司，但在 1970 年代以前，杜邦家族仍然是這家上市公司真正的主宰。重要的職位均由杜邦家族的成員擔任，雖然杜邦家族每一任出任公司掌門人的成員均非泛泛之輩，但再漫長的歷史也有結束的時候。杜邦公司幾次因為家族內部人才短缺而被迫改組，甚至差點被迫出賣整個公司就說明了這一點。

另外，杜邦公司為了穩定技術力量和生產人員，在企業內部實行終身僱傭制和世襲僱傭制。杜邦公司在與員工簽訂僱傭合約時，要求受僱者必須保證，永遠不能將在杜邦公司內學到的火藥製造技術與生產經驗外傳。在這種凝固的僱傭制度之內，基本上形成了一個獨立封閉的社會群落，同時，公司內部建立自己的警察、消防等機關，自然也有醫院、學校、教堂等。就這樣，杜邦公司簡直是一個獨立的自治團體，如果工廠發生事故，有醫院救治；發生職災死亡，他們還有自己的驗屍官……公司徹底拒絕外界勢力的介入，實行全封閉式的管理。

長久以來，杜邦公司憑藉它嚴格的家族制管理曾經傲視同業群雄。但到 1970 年代以後，這些曾經為杜邦帶來無數財富和榮耀的祖訓，不但難以繼續發揚光大，而且還成為杜邦繼續發展的最大障礙。一方面，傳統的僱傭制使得公司變得越來越臃腫，固定的人力支出越來越龐大，進一步加劇了資金周轉的難度，另一方面，因為嚴格的教條式管理，使得杜邦一次又一次錯失很多更好的發展機會。

四、競爭的加劇

在戰爭年代，杜邦借助於它與政府的關係取得大筆來自政府的軍火訂單。但是，在和平年代，杜邦雖然向民用轉型，以朝著產品多樣化的方向發展，然而少了大筆軍火訂單，再加上競爭對手的逐漸壯大，杜邦所面臨的形勢終究不容樂觀。在科技發展的推動下，一批批後期起之秀逐漸成為杜邦在市場上不可輕視的競爭對手。一時間，市場出現了供過於求的局面，杜邦公司也不得不隨波逐流，在削價的同時縮減生產規模。這些都使得杜邦公司股票價值不斷下滑。僅西元 1966 年，杜邦公司的股票就流失了 46 億美元的資金。

失去關稅壁壘保護

正當杜邦內憂焚心之時，外患也隨後而來，真可謂是禍不單行。在甘迺迪（John F. Kennedy）任總統時期，美國大幅度地削減關稅，關稅壁壘隨之取消，使得杜邦公司過去的靠山不復存在，加劇了杜邦原有經營策略的危機。關稅壁壘的取消，使外國價廉物美的商品爭先恐後湧入美國市場。杜邦原先穩定的國內市場受到了前所未有的衝擊，尤其是杜邦公司的染料、人造絲、尼龍等產品受到的衝擊最大，外國紡織品湧入，奪走了原本屬於杜邦的近 1/3 的市場占有率。為了應對市場的變化，杜邦公司除了降價之外別無他法。到西元 1966 年時，杜邦生產的尼龍布市場價格下降了 17%，滌綸下降了 40% 之多。

競爭對手的快速成長

進入到 1970 年代，像陶氏（Dow Chemical Company）、孟山都（Monsanto Company）這樣一批成績斐然的化學公司在美國市場迅速崛起，成為杜邦公司強而有力的競爭對手。它們都是化學工業的後起之秀，發展強勁，以咄咄逼人之勢向老牌的杜邦帶來了很大的壓力和阻礙。

陶氏化學公司的創立晚於杜邦公司，是著名的化學家赫伯特．陶（Herbert Henry Dow）建立的。他們最初從鹽水中提取氯氣來生產漂白劑，後來生產靛藍染料以及開發乙烯產品。他們又研究出從海水中提取溴，並為杜邦公司生產的含鉛汽油提供二溴乙烷添加劑。該公司生產的鎂化合物用途廣泛，後來在苯乙烯塑膠、殺蟲劑以及石化產品方面也有傲人的成就。對杜邦公司而言，陶氏化學公司的確是一個強而有力的競爭對手。

孟山都化學公司本是杜邦公司為了逃避其反托拉斯一案中的責任而扶植起來的公司，但它後來日漸壯大，不知不覺竟然也成為杜邦公司的又一對手。

同時，由於關稅壁壘的消除，大量美國境外的競爭者進入美國，像德國的拜耳公司（Bayer）、巴登苯胺蘇打公司（Badische Anilin- und Sodafabrik）、赫斯特公司（Hoechst AG）等都在二戰後重返美國，這更令杜邦公司感到惶恐不安……

由於以上原因，加之杜邦公司在投資決策上不斷出現失誤，也可以說是多年的守舊積習難改，甚至可以說是時運不濟，總之，杜邦公司在經過一百多年的平穩和繁榮之後，曾經不可一世的化工生產王朝開始步入它的耄耋之年。

百年巨人夢中驚醒

1970 年代後，杜邦公司徹底陷入內憂外患之中，發展呈明顯的下滑趨勢，資金鏈也出現了前所未有的斷裂。但這一切並沒有讓杜邦走向失敗，在經過一系列的調整和改革之後，這位百年巨人從夢中驚醒，痛定思痛，銳意改革，重新煥發出青春活力……

曾經以進取開拓著稱的拉摩特．杜邦．柯普蘭（Lammot du Pont Copeland），因面臨種種無法解決的困難，加之經營不善，導致了杜邦公司的挫折和衰落，直到西元 1969 年，這一切都沒有從根本上好轉，最終不得不辭去杜邦公司總裁的職位。杜邦公司的副總裁，58 歲的查爾斯．麥考伊（Charles B. McCoy）接任職務，成為杜邦第 12 任總裁。這宣告杜邦公司高

層都由杜邦家族成員掌握的一百多年歷史終於壽終正寢，一系列的改革也從此開始。

一、與不可變易的祖訓決裂

杜邦公司的執行長通常由杜邦家族成員擔任，這大約是杜邦公司不可變更的「祖先訓誡」之一。然而，老態龍鍾的杜邦公司在危機面前，已經顧及不了這麼多了。在這第一條祖訓被打破之後，積弊已深的杜邦開始了與祖訓徹底決裂的旅程。

麥考伊上臺後施展渾身解數，大刀闊斧地進行了一場全面改革。公司當時面臨的最大困難是資金短缺。資金是公司運作的根本，沒有資金，工廠就難以運轉，不僅無法產生經濟效益，還需要不停投入保養費用。

為了解決這一難題，麥考伊的第一步當然是向銀行貸款，這一點和常人並沒有什麼不同。但他向銀行借貸的 1.9 億美元被用來發展海外市場，這不僅徹底打破了杜邦從不向外界借貸的傳統，更重要的是，他不再把眼光放在美國的有限市場。麥考伊表示，公司對於利用貸款發展海外市場一事並沒有什麼專門贊成或是反對的意見，只要能夠獲得潛力更大的投資機會，公司就會利用貸款支持改革策略。

但貸款並不能解決所有問題，關鍵還是內部運作的調整。為了使公司原本就非常有限的資金發揮出最大的效力，也就是所謂「錢要花在刀口上」，麥考伊不得不忍痛砍掉一些老舊的生產線，儘管它們在杜邦的歷史上曾做出巨大的貢獻；同時，關閉所有無法產生經濟效益的生產線和生產部門，對於那些市場已經達到飽和的產線，能轉則轉，能併則併，不能用併轉甚至其他方法使之再生的就只有結束它的生命歷程了。這些措施主要是針對市場變化做出的緊急措施，目的是使公司能夠適應市場的新需求，不再墨守成規。在這次「大清洗」運動中，連杜邦歷史最悠久的火藥製造都不能倖免。麥考伊上任以後，不顧其對公司的代表性，將杜邦家族於美國南北戰爭前夕在賓州建立的火藥廠裁掉了。這一舉動，是麥考伊上任之初對杜邦家族觀念的挑戰，預示了麥考伊與杜邦傳統舊思想的徹底決裂。

為了削減開支、提高勞動效率、降低成本，以便將更多資金用於設備更新和技術改造，麥考伊執行了自上而下精兵簡政的政策。從西元 1970 年到 1971 年之間，公司狠下心裁撤 50% 的員工，這一舉措致使 1.2 萬人失業。杜邦公司創業之初賴以生存和發展的員工終身僱傭制也宣告終結。

設備更新和技術改造也是麥考伊改革的重點之一。他在醫療設備、電子工業、製藥方面的研發成績可觀，尤其是在醫療設備研發生產上，在 5 年中足足翻了 100 倍。設備的更新和技術改造是科技的功勞，但沒有麥考伊對科技的重視，就不會有 100 倍增長的成就。麥考伊調整了杜邦公司的科學研究隊伍，增加公司弱項的人力，並以市場為導向，根據市場的實際需求集中力量研發實用性強、收益高的產品，以便盡快占領市場、打出品牌，保住公司的市場地位。這項措施果然卓有成效，除了那 100 倍的增長之外，新產品的研發也取得了傲人的成績。24 項新產品的出爐，對市場無疑是一次極大震撼。

經過麥考伊對杜邦公司的生產經營思想、發展策略、科學研究方向甚至是人事安排等方面一系列的改革和整頓之後，原本衰落的杜邦竟然出現了恢復的跡象，希望又一次出現了。西元1972年，杜邦公司的海外營業額增長了18%，達到8億美元；公司的銷售總額增加了 13%，達到 44 億美元；利潤增長迅速，達 4.14 億美元。公司的股票也因此大幅度攀升，在西元 1969 年還是 92.5 美元，而 1971 年年底就達到了 199 美元。

如果說麥考伊的改革讓百年老杜邦看到希望，恢復了往日的生機，那麼，西元 1973 年厄文．夏皮羅（Irving S. Shapiro）出任杜邦公司的董事長兼執行長後，則帶領杜邦公司再一次回到了高速發展的軌道上。而這一次，杜邦的高速發展不再是依靠與政府的不尋常關係，而是自身的調整。

針對公司發展的新形勢，夏皮羅對杜邦公司的生產經營政策作了一些調整。夏皮羅恢復了杜邦公司產品多樣化的經營模式，加大當前市場需求量較高的新產品研發力道，並擴大生產規模。僅這些新產品所創造的經濟效益，到 1970 年代末時已經占了杜邦總利潤的三分之一。

在新產品開發方面，夏皮羅更是注重研發主管的作用，任命化學家愛德華．傑佛遜（Edward G. Jefferson）負責公司的產品開發和科學研究。對此，夏皮羅提出了一個總體要求：科學研究方向必須無條件跟從公司對市場需求的判斷，研發的新產品必須具有廣闊的市場發展潛力。

看得出來，夏皮羅的這一方案具有非常清晰的商業目標，也就是將研發與公司的經濟效益緊緊地結合在一起。為了配合科學研究部門，彌補他們在預見市場動向方面的不足，夏皮羅對企劃部門提出了更高的要求，要求他們提高對市場發展的預見性，準確把握市場動向，及時反映市場變化和社會需求，為科學研究計畫和公司決策提供重要訊息。

就這樣，杜邦公司在夏皮羅的經營下展露出勃勃生機，迅速奪回了以前失去的市場，僅僅花了 6 年的時間就控制了二氧化鈦 51% 的市占率，相當於控制了造漆業。

二、拓展海外市場

杜邦公司之所以大力拓展海外市場，一是由於市場競爭壓力所迫，其次，也算是杜邦公司對傳統祖訓的進一步揚棄。以往，杜邦公司因為與政府非同尋常的關係，國內市場就賺得心滿意足，所以一直對海外市場不太用心。但在國內市場被擠壓，發展海外市場又讓公司嘗到了更大甜頭之後，利潤的驅動使杜邦很快就把傳統經營模式拋置腦後，加快朝海外拓展的步

伐，將勢力擴展到一切能取得經濟效益的地區。杜邦積極拓展海外市場業務，建立大量的海外工廠。在他們拓展海外市場的最初階段，杜邦公司都嚴格遵循了以下三條原則：

1. 不合資。在海外的工廠，資金全部歸杜邦一家所有。
2. 一國一廠。除德國和盧森堡之外，一個國家只設立一家工廠。
3. 一廠一品。在海外工廠，一家工廠只生產一種產品。

1970 年，杜邦公司成立了遠東有限公司，迅速將勢力擴展到東亞地區，包括香港、日本、泰國、臺灣等。海外公司的發展使得杜邦海外公司銷售額不斷增長，1972 年銷售額達 16 億美元，1978 年，海外公司的銷售額達到了杜邦公司總銷售額的 31%。

三、業務重組

杜邦的興衰離不開業務重組。每到一個關鍵時刻，杜邦就會自我重組和變革。正所謂「窮則變，變則通，通則久」。杜邦以兩百多歲的高齡對這句話作了一個很好的詮釋。杜邦的歷史證明了如果一個公司想要在幾個世紀裡持續發展，就必須不斷創新，不只是產品創新，也包括經營策略的創新。

任何一次創新都是以市場導向和技術方面的成就為基礎的。市場導向和技術是杜邦在歷史上創造價值的主要方式，杜邦很早就意識到市場導向和技術是競爭力的泉源。未來的成功，將取決於杜邦如何將過去掌握的知識與正在發展的知識相結合。

從 1995 年開始，杜邦步入了重要的重組階段，從單一國內市場的化學公司轉型到 21 世紀全球性市場的化學公司。沿用了 65 年的廣告詞「生產優質產品，開創美好生活（Better Things for Better Living）」被「創造科學奇蹟（The Miracles of Science）」代替。

杜邦公司重新整合公司業務。第一步，先是將原化學纖維部門的業務分拆，組建包括尼龍纖維部、聚酯纖維部、萊卡纖維等業務的子公司。第二步，組建五個根據市場和技術劃分的業務開發平臺。這五個開發平臺是：杜邦電子和通訊技術、杜邦高性能材料、杜邦塗料和染料技術、杜邦全防護、杜邦農業與營養等五個業務集團。

杜邦這一次的業務重組是杜邦歷史上的又一次重大舉措，等於為這位百年老人重新注入了新鮮血液，讓它再一次煥發青春活力。

四、安全第一

杜邦關於安全的含義不僅僅是指安全生產，它與現代人類綠色環保的人文關懷緊緊相連在一起。

杜邦充分發揮了它在科學研究方面的強勢能力和作用，幾乎是全球化學工業安全標準的制訂者，其他公司在衡量他們自己時均以杜邦為參考對象。在處理危險材料方面，世界上幾乎沒有一家公司能比杜邦做得更好。整個 1990 年代，杜邦在企

業環保業績和永續發展創新方面一直處於領先地位。在淘汰氟氯碳化物和開發環保型替代產品方面，杜邦公司被公認為是行業的開拓者和領導者。杜邦是世界上第一家以零廢棄、零排放作為奮鬥目標的大公司，並因在這方面居領導地位而榮獲聯合國的獎項。杜邦在保護環境和綠色生產方面是領導者，杜邦自己的土地傳代計畫已將 50,000 畝以上的公司土地置於永久保護狀態。

杜邦的三大安全理念：第一，建立管理層對安全生產的責任制度，而不專設安全生產部門，即從總裁到廠長、部門經理、組長等，所有管理者均是安全生產的直接負責人。其次，建立公共基金制度，即從員工薪資、企業利潤中定期提取一定數額的公共基金，為萬一發生的事故提供經濟補償。第三，建立「以人為本」的安全生產管理理念。從公司創建開始，杜邦就公平和尊重地對待員工，即透過各種形式的宣傳教育，讓員工真正認識到，安全生產並不是對他們生產行為的約束與糾正，而是對他們人身的真正關懷與體貼。

杜邦從不要求員工們做他們自己不願做的事情，而是和員工們一起肩並肩地工作，並因此而提出了許多新的管理措施。這是杜邦安全文化的開端，也是對人關心的一部分。安全觀念已成為杜邦獨特的企業文化之一，比如每次公司召開會議，主持人首先要做安全宣導，提醒與會者安全通道出口的位置，及如遇緊急情況時應採取的措施；在公司辦公室工作時，坐椅者絕不可翹椅子；公司更是要求杜邦員工及其家屬在乘任何機動車輛時，應隨時繫好安全帶。這些看起來的普通小事，卻將公司的人文關懷發揮得淋漓盡致。

安全成就的取得，應歸功於杜邦所堅持的十大安全信念：凡工業意外均可避免；管理層須對意外的發生負責；盡一切所能控制容易引起危險的工作步驟；保持安全的工作環境，杜邦員工人人有責；員工必須接受嚴格的工業安全訓練；管理層必須時常檢查安全設施及系統；發現任何疏漏，必須立即糾正；員工無論在工作時還是在下班後都要注意安全；安全的動作才能產生經營效益；安全系統以人為本。

杜邦對安全的投資回報理念還不僅局限於過往減少事故損失、降低因事故賠付費用支出的認知，杜邦生產的安全與防護產品也展現了杜邦注重安全的苦心。杜邦的安全諮詢部門在全球有 1,000 多名專業的安全顧問，他們在為公司 2,000 多家分布於航空、石油石化、鋼鐵、煤礦等行業的客戶進行安全諮詢時，不只提供了先進的安全制度設計理念，也幫助客戶了解杜邦安全防護產品的技術先進性和不可替代性。

結論

杜邦至今仍保持世界 500 大企業排名領先的位置，像這樣歷久不衰的企業，不僅是美國，也是全球大型企業可稱頌的典範。杜邦公司最初只是一家生產黑色火藥、資本僅 3 萬多美元的小公司，在屢遭挫折之後能恢復生機，並在經過 200 多年後，至今都能在美國 500 大排名前 10%，在企業經營從谷底逆轉重新走向輝煌的案例中，留下了值得書寫的一筆，這些與杜邦的經營管理之道不無關係。

杜邦的經營之道是將智謀策劃、科學研發、新產品開發等各方面互相結合，並不割裂它們之間的關係，從而將風險降到最低的限度。智謀策劃強調明確實用；重視新領域的開拓、新產品的開發，將新產品、新企劃視為公司的命脈。

再看杜邦走過的管理之路，200 多年的滄桑，杜邦不僅為自己累積了豐富的管理經驗，也為世界各國的企業管理提供了值得借鑑的寶貴經驗。可以歸納為以下幾點：

第一，企業的生命力在於順應經濟形勢和市場的變化，即時調整自己的生存方式。依靠和政府有著「特殊關係」而獨享市場的企業，終究有一天會因市場的變化而跌入低谷。壟斷而缺乏競爭，好比是企業的「亞健康」狀態，如不及時調整自己的生存方式，遲早會使自己走向滅亡。

第二，與其靠國內市場支撐，不如到國際市場闖蕩。杜邦並沒有因為它生產「火藥」這種與「國家安全息息相關」的產品獲得企業的「免死金牌」，倒是美國政府的「反托拉斯法」給了它一記警醒的悶棍。正因為如此，經營環境的改變逼迫得杜邦不得不向海外拓展市場。而杜邦在業務擴張後進一步拋棄「海外業務經營三原則」，也說明經營決策必須隨著市場變化進行創新的重要性。

第三，產品創新只是企業能夠「翻盤」的一半，而配合上經營策略的創新才能說是真正的重生。的確，不論是改良技術、產品創新，還是資產重組、經營策略的調整等手段，都不可能一勞永逸地解決企業所遇到的種種難題。每個企業所面對的市場、環境等各種因素不盡相同。別人的經驗有值得借鑑的地方可以學習，但不能照抄照搬，一定要根據自己的實際情況，充分消化、吸收別人先進之處，加之自己的理解，並進一步發揮。這樣，企業才能走出低谷，煥發活力。

第四，適時調整組織結構，以不斷適應多變的市場。調整結構的重點在於「靈活」二字，切忌死板、生搬硬套。對外不手軟，該擴張就擴張；對內按市場變化重組，化整為零，集中力量瞄準高利潤的生產領域。

第五，人盡其才，物盡其用。重視人才的作用，盡量使員工利益與企業利潤同時達到最大化。充分發揮科學研究「領導者」和部門「指揮者」的帶領作用，充分肯定他們作出的貢獻。

第六，實施永續發展策略。也就是盡量在繼續繁榮經濟的

同時減少汙染和節約自然資源，使人類生活能更加美好、舒適。永續發展的標準，是在為消費者不斷提供更多有價值產品的同時，減少對環境的汙染，而這種無形產品的價值是不可估量的。杜邦還將永續發展定義為，提供目前的產品和未來在服務時，要減少能源和原物料的用量，在生產中、或在產品使用壽命結束後，只有少量或者甚至沒有廢棄物產生。

相關連結：杜邦百年大事

1802 年 伊盧戴．伊赫內．杜邦（Éleuthère Irénée du Pont）在美國德拉瓦州建造火藥廠。

1804 年 杜邦開始生產並銷售火藥。

1811 年 杜邦成為美國最大的火藥生產商。

1902 年 杜邦「三巨頭」阿爾弗雷德．伊雷內．杜邦（Alfred Irénée du Pont）與堂兄弟托瑪斯．克萊蒙．杜邦（Thomas Coleman du Pont）和皮埃爾．塞繆爾．杜邦（Pierre Samuel du Pont）掌管杜邦。

1904 年 杜邦開始生產清漆和其他非炸藥類產品。

1930 年 杜邦發明了可以在各種環境使用的合成橡膠，氯丁二烯橡膠。

1935 年 杜邦研究人員傑拉爾德．伯切特（Gerard Berchet）和華萊士．卡羅瑟斯（Wallace Hume Carothers）發明了尼龍。

1952 年 杜邦開發出 MYLAR 聚酯薄膜。

1958 年 杜邦國際部成立，公司開始進行大規模海外投資。

1959 年 推出了杜邦萊卡牌彈性纖維。

1967 年 開始生產新的絕緣產品「杜邦™ Tyvek®」和「杜邦™ Nomex®」。

1969 年 在月球上行走的太空人穿著 25 層夾層製成的太空衣，其中 23 層是杜邦材料。

1981 年 杜邦收購了美國的石油公司 CONOCO INC.，使公司和資產和收入增加了一倍。

1982 年 杜邦開發出新一代成本低、毒性小的殺蟲劑：杜邦 Clean。

1990 年 杜邦與默克製藥公司（Merck & Co.）成立醫藥合資企業。

1987 年 杜邦公司的科學家查爾斯．佩德森（Charles John Pedersen）獲得諾貝爾化學獎。

1999 年 杜邦繼兩年前收購 20% 股份後，再次收購先鋒國際種子公司(Pioneer Hi Bred International) 80% 的股份，成為其百分之百的擁有者。

2002 年 杜邦 200 週年。

第一章　枯木逢春的化工帝國—杜邦

第二章

起死回生的汽車家族

西元 1903 年 6 月 16 日福特公司剛成立時，大多數人一生不曾離家超過 30 公里。福特並不是汽車和流水線的發明者，但他取代德國人卡爾 · 賓士（Karl Friedrich Benz）獲得「汽車之父」的美譽。所以在美國流傳著這樣的說法：亨利 · 福特（Henry Ford）才是大眾汽車的發明者。與其說這是一個美麗的誤會，不如說是對亨利 · 福特的高度讚美。因為正是他，使千千萬萬人實現了擁有汽車的夢想。可以說他的福特汽車公司是現代汽車工業文明的驕傲。

汽車家族陷入危機

福特汽車公司曾一度是全球領先的汽車製造商，製造與銷售業務遍及六大洲、200 多個國家。在經歷了輝煌的「福特時代」之後，百年老福特似乎也步入了步履蹣跚的老年期，經營觀念逐漸老化，管理者和員工不思進取、得過且過，公司的經營每況愈下，汽車王國開始失去其尊貴的地位。

一、家族制的束縛

從創立開始直到西元 1955 年的 50 多年期間，福特汽車公司一直由福特家族掌管。這雖然成就了福特家族的美名，但對於公司和企業的發展而言，基本上是弊大於利。公司的股權由一人掌管，最直接的弊端就是不利於吸納市場資金，使資金缺乏流動空間，阻礙企業的發展。

在 50 多年的時間裡，福特公司的股權一直都被福特家族成員牢牢地掌控在手中，而其他股東基本上沒有公司經營的決策權，他們投資的利益僅僅是享受紅利。這樣的體制勢必阻礙福特前景，當投資者帶著滿腹經營之策投資，卻無法插足經營決策，對福特的態度必然是敬而遠之。

一人獨裁的企業與集思廣益的企業，哪邊更具有潛力？對現代市場來說顯然毫無疑問是後者。亨利．福特建立的企業文化在福特的初創期確實有一定作用，比如避免了權力過於分化而導致公司分裂。但是時間久了，這種體制的弊端就慢慢浮現，它直接阻礙著公司的發展。這不僅是因為體制本身的惰性，更重要的是這種體制在日益自由廣闊而越來越激烈的商業競爭中，容易產生孤陋、保守的弱點，不可能也放不開手腳去迎擊激烈的市場競爭，以至於在市場競爭中處於被動的狀態。

在這種體制的保護下，福特公司失去許多優秀的管理者和員工。離開福特轉而成為克萊斯勒（FCA US, LLC）救星的艾柯卡（Lido Anthony Iacocca），就是其中極好的例子。艾柯卡在福特的成功，世人有目共睹，這位汽車界奇才開發出來的「野馬」汽車（Ford Mustang）第一年銷售額就高達 41.9 萬輛，創下了全美汽車製造業的最高紀錄。上市兩年，Mustang 就為福特汽車公司創下 11 億美元的淨收入。西元 1965 年，Mustang 的銷售量又進一步打破了福特公司的紀錄。Mustang

的大功告成，使「Mustang」一字成了時尚、發財致富的象徵，各行各業爭先恐後地搶用野馬的標誌，艾柯卡也因此被稱為「野馬之父」。3 年後，在艾柯卡的領導下，獲利不佳的旗下品牌林肯（Lincoln）、水星（Mercury）先後推出 Marquis、Cougar 和馬克 3 型（Continental Mark III）等高級轎車，使形勢大為改觀，特別是馬克 3 型再一次為福特公司帶來巨額營利。在最好的年景，光是林肯分部就創下 10 億美元獲利。

然而，西元 1978 年 7 月，亨利．福特二世突然解僱了艾柯卡，這主要是因為亨利．福特二世與艾柯卡意見不合，艾柯卡主張加快開發小型轎車的速度，亨利．福特二世則認為這將導致投資增加過快，影響公司利潤，因而固執要求放慢開發小型轎車的進度。

就是這樣一位優秀的人才，卻被福特一腳踢出大門，讓其加入了福特的競爭對手 —— 克萊斯勒。

二、親家竟成仇家

亨利．福特是福特公司的創始人，是他創造了福特汽車公司。福特自認為，自己的一生有四件事可以稱為輝煌之舉：西元 1903 年，生產出第一輛 T 型車，讓一般家庭也能負擔購買汽車的費用，徹底改變美國人的生活方式；西元 1913 年，開發出了世界上第一條生產流水線，為大規模量產打下基礎，成為其他企業的楷模；他是現代第一位將大規模生產和大規模消費結合起來的人；西元 1914 年，首次按每日 8 小時工作制支付工人薪水，高額薪資催生了美國汽車社會。

隨著福特的壯大，不少輪胎製造商自動找上門來，都希望成為福特汽車的供應商。西元 1906 年，福特公司的創建者亨利．福特向他的好朋友——泛世通公司的創建者哈維．泛世通（Harvey Samuel Firestone）購買了 8,000 個輪胎，兩家公司便由此展開了近百年的合作。

更為可喜的是，西元 1947 年，老福特的孫子與老泛世通的孫女聯姻，讓兩大家族在合作夥伴的關係上又增加了血緣之親。近百年來，泛世通公司一直是福特汽車最主要的輪胎供應商，兩家公司強強聯手，一直稱雄於世界汽車市場。然而，天有不測風雲，誰也沒有料到，兩家百年的交情卻因為一場官司而壽終正寢，最終親家成為仇家。

事件得追溯到 2000 年的福特投訴案件。該年 5 月，美國國家公路安全局收到關於汽車的投訴中，福特車款 Explorer 占了 90 多個，並顯示傷亡數據：27 人受傷，4 人死亡。為了查明真相，美國國家公路安全局宣布對 Explorer 使用的泛世通輪胎進行調查。

由於事態越來越嚴重，兩家公司感覺到大禍臨頭。福特公司為了推卸責任，立刻向外界聲明：這些事故是由於 Explorer 車上安裝的泛世通輪胎品質問題所引起的。2000 年 8 月，福特宣布召回 650 萬個安裝在 Explorer 及福特卡車上的輪胎，並迫

使泛世通公司負擔全部的費用。福特的態度直接激怒了泛世通輪胎公司，對福特不念舊情，只為自己開脫而將責任全部推給合作夥伴的行為，泛世通輪胎公司毫不留情地給予反擊。這一事件，不僅消耗福特大量的人力、物力、財力，更重要的是福特的名聲遭到了嚴重破壞，大眾對福特汽車的品質產生疑問。

然而，事情並沒有就這樣結束，美國國家交通部的調查越來越深入。深入調查之後，死傷數目已經不僅僅是 4 死 27 傷，其數目逐步擴大，翻了好幾十倍。截至 2001 年 2 月 6 日，死亡人數已達 174 人，同時 700 多人受傷。兩家公司為了各自利益，採取的作法很不明智：他們互相指責，推卸責任。先是福特 CEO 納賽爾（Jacques Nasser）不顧一切地把事故原因完全歸咎於泛世通輪胎，使對方處於無路可退的境地。於是對方也針鋒相對，指出福特的設計本身就存在缺陷。雙方都紛紛出示了自己的證據。福特公司的證據是，自 1997 年以來的關於品質問題的投訴中，裝泛世通輪胎的車占 1,183 起，裝固特異輪胎的車僅有 2 起。泛世通遞交的一份專家對福特 Explorer 越野車的分析報告指出：Explorer 的轉向存在問題，在緊急轉彎時很容易翻車。

兩家公司爭得頭破血流，誰也不服輸，在這種關乎家族利益的時刻，親情顯得蒼白無力。董事長小威廉．福特（William Clay Ford Jr.）的母親來自泛世通家族，在親情與家族利益面前，他選擇維護家族的尊嚴 —— 翻車是輪胎問題造成的，不是福特汽車本身的問題造成的。結果雙方勢如水火，關係僵到無法調停的地步。

絕交的時刻最終不可避免地來到了，2001年5月21日，泛世通公司執行長蘭普（John Lampe）致信福特執行長納賽爾，結束與福特長達95年的合作關係。在那封信中，蘭普寫道：「在近100年的合作背景下，作出這項決定是經過慎重考慮過的，不是意氣用事。這樣決定的原因是因為我們之間的互相信任和尊重的基礎已經被嚴重破壞。」之後，福特公司在泛世通宣布斷交的第二天，宣布召回所有安裝在福特汽車上的泛世通「曠野AT」型輪胎共1,300萬個，表示接受「挑戰」。

這場風波以福特和泛世通的兩敗俱傷而告終，大量的錢財固然是因此流失，更重要的是福特的形象因此引起了外界的質疑。為了維護來之不易的形象，福特在各種補救措施中賠進了數十億美元，光是宣布召回1,300萬輪胎一項，福特就足足蝕本30億美元。

三、總裁無奈下臺

然而禍不單行，一波未平，一波又起。福特的品質問題日益顯現。10月末，福特公司宣布召回一百多萬輛汽車，修復容易起火的雨刷系統。負責福特公司全球汽車業務的首席營運長兼總裁尼克·謝勒（Nicholas Vernon Scheele）不得不承認，福特汽車的品質現在明顯遜於通用汽車公司或戴姆勒——克萊

斯勒公司的產品。同時，福特汽車的售價在下降，平均成本卻比五年前上升大約 1,000 美元。另外，福特汽車公司在歐洲的經營長期獲利不佳，公司在拉丁美洲也虧了不少錢。

2001 年，福特公司面臨嚴重的財務危機，各投資信用機構紛紛調低對福特的信用評級。2000 年福特公司尚盈利 80 多億美元，然而 2001 年第二季度，虧損就達 7.52 億美元，第三季度虧損達 6.92 億美元。至 2001 年 11 月，福特在美國的市占率已經降至 23.2%，其中小汽車銷售額下跌 5.5%，貨車及 SUV 的市場也被通用及豐田搶占。市占率減少，營利虧損將福特逼向牆角，這是福特 10 年來首次遭遇兩個季度虧損的大難。

在外敵入侵之際，福特內部也天下大亂。在內憂外患交加的形勢下，納賽爾面對不少董事和主管的不滿，尤其是他與董事長之間的分歧越來越大，無奈之下，納賽爾只好下臺。

福特前執行長納賽爾的離去對福特的影響不容忽視。這不僅因為納賽爾儘管在某些方面有些激進，卻是一個得力的總裁，更重要的是，納賽爾的離去反映了福特公司高層不團結這項弱點。

西元 1968 年，年僅 20 歲的雅克．納賽爾便進入福特汽車公司，開始了他的汽車之夢。由於他聰明能幹，在汽車的市場和銷售工作中連創佳績。他的行銷策略為福特公司省下了大筆的開銷，納賽爾在福特公司平步青雲。

此後，他先後擔任過福特歐洲部和北美部的最高主管，曾經多次以行銷策略打敗通用汽車和克萊斯勒，創造了一個又一個傲人戰績。同事們送給他一個外號「雅克利刃」，讚揚他在市場營銷中的所向披靡。有人還曾經這樣評價納賽爾：「他太出色了，足以擔任世界上任何一家公司的總裁。」1999 年 1 月 1 日，福特公司董事會正式任命納賽爾為福特汽車公司的總裁兼首席行政官。

納賽爾坐上總裁寶座之時正值福特公司面臨著國際汽車產業重組、日本汽車威脅美國廠商的風雨飄搖之際。臨危受命的納賽爾上任兩個月之內就組建了由美洲豹、奧斯頓．馬丁和林肯三種主打車系帶頭的汽車集團，確保福特公司能集中力量還擊來自國內外的競爭壓力。十二天之後，納賽爾再以 64 億美元收購了富豪汽車（VOLVO），並將其併入福特汽車集團。為了提高福特公司分布在世界各地 35 萬職員的辦公效率，同時也為了能節省公司大筆的經費開支，納賽爾在全球福特公司內推行電腦化、線上化的辦公模式，一時間成為全球汽車業競相仿效的楷模。對於福特公司，納賽爾功不可沒。

四、911 事件「餘威」猶在

2003 年當亨利．福特的後代們在底特律紀念福特公司 100 週年時，這家百年老公司卻正陷於歷史上最灰暗的時期。除了與親家泛世通輪胎的糾紛外，由於福特汽車的信用問題，市場銷售受到直接影響。市占率減少、營利虧損將福特「逼向牆角」。

更糟的是，美國整體經濟惡化使福特公司的困境雪上加

霜。本來美國經濟已是持續疲軟，911 恐怖攻擊之後，更是眼看就要跌入谷底。美國汽車業普遍遇災，本來已步履艱難的福特此時受到沉重打擊，可以說是元氣大傷。由於官司不斷以及整體經濟的影響，福特股票一跌再跌，從每股 31 美元跌到了 10 美元上下，四年來跌掉 20 美元。僅僅兩年，福特汽車公司共虧損 64 億美元，市場占有率逐漸被外國汽車公司搶走，這家百年老店還面臨著數十億美元的退休金義務，評論家甚至預言這家公司 10 年內會走上破產保護之路。福特董事會不得不宣布將有 5 名副總裁退休、北美地區要裁員 5,000 人，這說明公司財政的確出了問題。

面臨種種困境，福特已到了非改不可的地步。實際上，納賽爾主政時就試圖力挽狂瀾，只是時運不濟，造成公司險象環生。再者，這位曾經被譽為美國汽車三巨頭中最棒的執行長，總是與董事長威廉．福特意見分歧。兩人曾達成「分享權力」的協議，可還是沒能團結一致。掌握公司 40% 控股權的福特家族當然容不得納賽爾繼續「心有餘而力不足」，最後只好逐其下臺。

威廉．福特，這位福特公司創始人的曾孫在一次公司職員大會上說得很動情，「我愛這家公司。我的心為福特萎靡不振而流血」。同時他也莊嚴宣布：「既然我們繼承了一份傳奇的遺產，我們就要將其打造得更好」。

威廉·福特三招力挽狂瀾

2001 年 10 月 30 日，在福特工作了 33 年、時年 53 歲的納賽爾被董事會以「退休」的名義請回老家，取而代之的是福特創始人亨利 · 福特一世的曾孫，公司當任董事長、時年 44 歲的威廉 · 克萊 · 福特（William Clay Ford）。此次，平時親切地被人稱為比爾的威廉 · 福特以董事長和 CEO 的雙重身分面對世人，這個汽車帝國的「生殺大權」自其伯父——亨利 · 福特二世西元 1979 年撒手不管公司事務以來又再度回到福特家族成員的手中。

威廉 · 福特是福特家族企業的第四代傳人。西元 1979 年加入公司後，威廉最初擔任的工作是產品企劃分析師，此後又在福特汽車美國和歐洲分公司的製造、銷售、市場、產品開發和財務等多個領域任職，並於 1992 年當選為公司副總裁。從 1999 年初起，威廉 · 福特開始擔任公司的董事長。

身為福特公司創始人亨利一世的曾孫和天才 CEO 亨利二世的姪子，威廉 · 福特十分清楚，自己身上所肩負的不僅僅是百年老店福特汽車的未來，還有自己家族的榮辱。「這項工作中最糟糕的部分，就是未來生活的難以確定，每天都有新問題出現。」威廉 · 福特這樣評價自己的走馬上任。

面對如此嚴酷的現實，威廉 · 福特歷經磨礪，胸有成竹，他想大刀闊斧地透過一系列變革重新設立公司目標，目標是在 2005

年恢復每年 70 億美元稅前盈餘，並制定出公司未來發展的策略問題和大方向。毋庸置疑，威廉．福特的整頓計畫在實行過程中將會遇到重重困難，但威廉．福特還是使出了力挽狂瀾的三招。

一、三招之一——裁員和重組並行

威廉．福特上臺之後對公司管理層大幅度調整，結束公司內高層領導人不合的現狀，加強了團隊領導能力。同時，從 2002 年新年伊始，剛上任兩個多月的威廉．福特就宣布了公司的大規模裁員計畫：福特公司在全球一共裁員 10%，大約有 3.5 萬人，其中光北美地區就有 2.2 萬名員工面臨失業。此外，還以提前退休為手段裁減 5,000 個管理職位。11 月 6 日，福特汽車再次宣布大幅裁減自己在美國本土 20% 的高階白領人員，統計超過 8,000 人，以便進一步調整北美地區業務。謝勒和新任命的北美汽車業務主管詹姆斯．帕迪拉（James Padilla），負責處理公司核心的國內汽車業務中一長串營運問題，威廉．福特還專門請來了 70 歲的卡爾．瑞查德（Carl E. Reichardt）擔任副董事長，負責福特公司全球財務營運和消費信貸業務。卡爾．瑞查德是富國銀行（Wells Fargo & Company）的前任董事長和福特汽車公司的資深董事，高知名度令他在華爾街很受人尊敬，這招名人效應能夠贏回一些對福特公司不滿的投資者，改善公司的財務狀況。面對福特公司的信用評級被下調的局面，瑞查德的任務是，幫助福特公司龐大的消費信貸部門適應融資管道緊縮的狀況。

過去福特公司的幾大諸侯各自擁兵自重，互不合作，不利於公司發展。面對手下大將們這種勾心鬥角的狀況，威廉．福特採取「零距離」、軟硬兼施的手段解決問題。他說：「如果我聽見有人在背後罵人，我馬上解決他。我很討厭惡意中傷，絕不容忍這種情況出現。」

威廉．福特在剛擔任公司執行長幾個月的期間，就 3 次召集公司的 3 名高級主管會談 —— 總裁兼營運長謝勒（Nicholas Scheele）、全球採購負責人瑟斯菲爾德（David Thursfield）以及執行副總裁帕迪拉（James Padilla），一再要求他們為公司著想，化干戈為玉帛。他說，既然大家有共同的目標 —— 讓公司越來越好，那為什麼要互相爭鬥呢，那樣只會削弱公司的實力。威廉．福特很清楚這 3 人之中，最難教化的是擅長削減成本的瑟斯菲爾德，他是出了名的刻薄之人，很難相處，連謝勒和帕迪拉的帳他都不買。威廉．福特苦口婆心勸說他，希望他以大局為重。威廉．福特同時表示，對於亂來的手下，即使再優秀也絕不姑息。

然而，威廉．福特對於有些人又是另外一種態度。福特汽車公司 2003 年任命金．梅斯（J Mays）為集團副總裁，由他主管公司的產品設計。

金．梅斯負責領導設計福特、林肯、水星車系的產品，這65款產品在2004～2008年內陸續推出。他還要負責福特在歐洲推出45款新產品的設計，以及福特首席汽車集團旗下35款和馬自達15款新產品的設計。

「金．梅斯的設計才能，使得我們的汽車獨具特色並深受消費者的喜愛，」威廉．福特這樣評價。「我們提拔他到集團副總裁的位置，充分表明福特振興計畫對產品設計的重視。我們的振興計畫完全以產品為主軸。」

金．梅斯於1997年加入福特汽車，任設計副總裁。在此期間，他主持了2004款福特F-150的開發，以及水星Monterey微型車、2005福特Freestyle、福特500、福特GT和福特Mustang等車型的開發。同時，金．梅斯還領導了包括福特49、福特427轎車、野馬GT概念車、捷豹F型和VOLVO安全概念車等一系列概念車的開發。他是一個極為難得的汽車設計人才。

與此同時，福特公司關閉了位於美國和加拿大境內的5家製造工廠，以節省經營成本，從而提高公司的獲益能力。另外，將Escort、Cougar、Lincoln Continental這幾個著名的車系停產。不久之後，威廉．福特又關閉了設在英格蘭東南部、歷史已達71年的達格納姆（Dagenham）分廠，聲明該廠不再生產汽車，只生產柴油引擎。

總之，在威廉．福特的全面變革計畫中，人是最重要的一環。他指出，公司變革的切入點就是加強團隊領導能力。既要從公司內部選拔更多優秀人才進入管理團隊，同時也要從公司以外吸納更多優秀的專業經理人。

不少分析師認為，家族式企業吸引不到有才華的管理者，福特的家族管理牽絆了企業發展。針對這樣的質疑，威廉．福特指出：福特與寶獅、通用都有合作，並且是馬自達公司的大股東，在某些方面，合作夥伴反倒認為家族式企業的經營模式比較穩定。美國汽車調查研究中心主席大衛．克萊認為，加強團隊領導的能力十分重要，福特翻盤需要勇敢嘗試新模式以打破僵局。

威廉．福特不僅這樣認為，也為此做出表率，2006 年 9 月 5 日，福特汽車公司宣布，威廉．福特不再擔任公司執行長，但繼續留任董事長一職。在福特沒有一點根基的前波音公司副總裁艾倫．穆拉利 (Alan Mulally) 入主福特擔任執行長。

雖然不再擔任執行長，但威廉．福特仍在營運團隊，他說：「我從來沒把『執行長』的頭銜當作私人財產，我一直在尋找能把福特帶上『快車道』的能人。」「我想投入到具體運作中，推進產品線重組、疏通勞資關係、為新產品選擇零件供應商、研發新產品等。」

二、三招之二 —— 嚴控品質與成本

要挽救福特走出谷底，就必須在公司內部進行整合改組，這其中當然也包括資本重組、控管產品品質、降低製造成本等等。

汽車品質一直困擾著福特汽車，要重振福特，產品品質刻不容緩、亟待解決，因為這是一個關係著公司形象的大問題。福特 2002 年 6 月分向外界公告一份汽車品質管制措施，很快就發揮了效用，平均每輛車的成本節約數百美元左右，福特因此加快了改善品質的步伐。另一方面，為了在第三方評選中得到大眾的認同和好評，福特公司設置了內部滿意度調查機制，這對提高福特汽車的品質大有作用。

在內部滿意度調查機制的實施中，公司嚴格按照品質標準執行。調查組成員將自己假設成消費者，模擬顧客在打算購買汽車之前想要知道的關於福特公司的一切情況，比如想要購買什麼樣的汽車、在品質要求方面的整體構想等，調查人員要完全站在消費的立場上考慮。以他們對汽車的熟悉程度，加上消費者的苛刻要求，將兩者結合，對汽車品質得出的評價和要求自然比以前的簡單評價要更上一層樓。如果連汽車的製造者都不願意買自己的汽車，上市以後，消費者又怎麼會對其感興趣？即使一些消費者由於不太了解而購買了，日後品質問題一旦出現，吃虧的不僅是消費者，那時，公司形象損失會更加慘重。

2001 年，福特在一項第三方調查中，僅名列美國主要汽車製造商的第七位。威廉．福特上臺後，福特在工廠製造和採購流程中大力推行內部品質管理。2002 年 1 月分，福特設立了 300 人的工程小組專門解決汽車品質問題，並承諾與上游供應商一起分享經過努力節約下來的資金。這一措施，果然取得了立竿見影的效果，不僅得到了上游供應商的全力支持，他們將所供產品品質保障工作做得更好，而且福特汽車的品質也因此自過去基礎更加提高。

威廉．福特上臺後意識到必須重新考慮目標，重組公司、合併一些非彼此相關的部門。重組過程中的另一項工作就是重組後分離出一些非核心部門和產業，有計畫地出售這些產業部門。

在 2001 年遭受嚴重虧損後，福特公司於 2002 年出售了一系列非核心資產，包括設在英國的汽車修理連鎖店 Kwik Fit，希望借此能夠籌集 10 億美元左右的資金，用於公司的市場調節策略。在此之前，福特已經出售了部分不動產以及兩架商用飛機。

在進行了一系列資產重組和出售後，威廉．福特強調，集團的財政部門雖然表示公司的金融狀況日漸好轉，然而他本人仍然擔憂汽車製造業難以迴避和應付的高成本高投入，絲毫不敢鬆懈。成本是他們必須正視和解決的問題。他說：「回收生產成本需要一段相對比較長的時間，但是作為管理者，我們每一天的工作都應該在認知到這一點的基礎上進行。」

三、三招之三 —— 推行環保概念

坐在「駕駛員」位子上的威廉．福特，逐漸把福特汽車引上一條獨特的發展道路。這位年輕的董事長上任不久，就頗具膽識地以終身環保主義者的身分向世界保證，要使福特公司在發展綠色汽車方面成為整個產業的領頭人。人們形容身兼原則性極強的環保主義者和親切和藹的企業領導人的威廉．福特掀起了一場汽車業的綠色革命，從而迅速把這個家族企業轉換為關心消費者和空氣品質不亞於關心盈虧狀況的企業。

威廉．福特大力推行環保汽車概念，使用混合燃料的 Fusion 車款，作為環保的「城市活動車」在日內瓦汽車展上大顯身手，這一手也成為威廉．福特力挽狂瀾的王牌之一。在美國本土，美國政府承諾，將為購買環保汽車的消費者提供各種優惠：購買油電混合車的消費者每人將得到 4,000 美元的補助；購買氫能車的消費者每人將得到 8,000 美元的補助。與此同時，美國議會也在制定為購買環保汽車的消費者提供更多的優惠政策。

從 2001 年起，美國的汽車市場的重要產品已經開始轉移到環保車上了。

翻開福特的歷史就可以知道，自 1979 年威廉．福特一進入福特公司，他就開始關注環保問題。近年來，他更是不留餘力地積極推進所謂的「第二次工業革命」—— 嚴格限制福特汽車生產及行駛中對環境產生的汙染，福特公司立志成為全球第一家少汙染、零汙染的汽車公司。威廉・福特出任福特 CEO 以後，他打造「環保旗艦」的夢想更有了實現的可能。就在福特公司遭遇危機，關廠停產裁員，豎起重組大旗，進行全面整頓的同時，一項耗資 20 億美元的紅河基地（River Rouge complex）改造工程也在威廉・福特的直接支持下緊鑼密鼓地展開。紅河基地是福特公司歷史最悠久的汽車組裝廠，威廉・福特立志要將紅河基地改造為汽車製造業支持環保的旗艦，成為「21 世紀汽車製造業永續發展的典範」。

為表明環保的決心，福特公司還舉行「福特汽車環保獎」活動。「福特汽車環保獎」是世界上規模最大的環保獎之一，授獎活動遍及 50 多個國家，其前身是西元 1983 年在英國首次發起的「亨利福特環保獎」，其宗旨是鼓勵各階層人士積極參與有助於保護本地環境和自然資源的活動。

企業應是社會的企業，應盡公民的義務——這是福特汽車在長達 100 年的生產營運中建立、發展並遵循的準則。威廉・福特認為，一個好的企業能為顧客提供優秀的產品和服務，而一個偉大的企業不僅能為顧客提供優秀的產品和服務，還應該竭盡全力使這個世界變得更美好。福特汽車就是秉承「企業公民」的準則，不僅專注企業自身的發展，更時時注重對社會的責任和義務。

四、神奇的定價策略

威廉·福特接連出招，他上臺後的另一新招是——實施高明的定價策略，企圖以此勝出。到底何為高明的定價策略，恐怕威廉·福特自己也未必心裡有數。但是，他知道有人是這方面的高手，請他出面，定能有所見效。這個高手就是韓森（Lloyd E. Hansen）。

2001 年底威廉·福特上任的第二天，他就將價格大師韓森推上了福特汽車營業收入管理副總裁的位子。受到重用的韓森為了報答知遇之恩，廢寢忘食設計出令人耳目一新的定價策略。這套策略的核心思想是——把錢花在刀口上，花在最需要、最值得的地方。事實證明，這套高明的定價政策的確相當奏效，不僅讓福特汽車在 2002 年別人都在降價的時候能夠持續不降價，依然在市場上屹立不搖，更神奇的是，到 2003 年的時候價格還能繼續往上攀升。這在當時 911 事件發生後日益不景氣的汽車市場，確實是個了不起的成績。據統計，到 2003 年第一季，福特每部車的營業收入增加了 868 美元，達到 21,716 美元，比通用汽車整整多出 1,400 美元。

韓森實施的這項神奇的定價策略，具體運作過程如下：福特汽車每天收集經銷商的銷售資料，輸入電腦，以預測如何獎勵汽車銷售業務可以創造最佳的業績。電腦分析的結果得出哪種汽車在哪個市場需要促銷，而哪些汽車不需要。舉例來說，暢銷休旅車 Escape 每部只有 1,000 美元的抽成，但是不好賣的車款可以抽成 3,000 美元，Focus 等毛利微薄的車種抽成就比較少。透過用電腦分析測試可以為福特選擇最佳促銷對象，這樣一來福特的促銷費用比通用汽車少 300 美元，平均每部為 3,800 美元。

這種神奇的定價策略僅僅在 2003 年的第一季度就為福特汽車貢獻了大約 2.6 億美元的利潤，並且擴大了福特的市場占有率。威廉．福特相當滿意這一政策的成果，他說：「這套策略讓我們把小錢變成了大錢。」

五、總裁親自做廣告

公司董事長為重塑形象而親自出馬做廣告，這的確是一件新鮮事。為了改變福特汽車在人們心目中被破壞的形象，為了勾起消費者對福特的懷舊情緒，2002 年福特汽車推出了以福特公司 CEO 小威廉．福特為形象代言人的懷舊廣告。

這個系列廣告策劃以威廉．福特為公司新形象，主題是再現福特汽車公司的百年輝煌歷史，希望能夠挽回福特汽車在 2000 年以來，諸如輪胎召回、財政嚴重虧損和削減三萬五千名員工等，一波又一波不幸事件中失去的名譽，重新建立世界第二大汽車公司的形象。

廣告創意來自於福特公司的首席營運長尼克．謝勒。他一直都有這種想法，終於在 2001 年 8 月向威廉．福特提出了他的

創意。在闡釋他的用意時，他分析了這一廣告所能帶來的效果。

當時威廉．福特出於對福特家族的考慮，以及擔心公司會由此而形成「個人崇拜」的風氣，婉言謝絕了尼克．謝勒的好意。威廉．福特開玩笑說：「我不能站在那兒叼著雪茄說：『如果你發現這是一輛好車，那就趕快去買吧。』」

後來經過市場調查研究，確定福特的歷史這項無形資產可以收到意想不到的效果，威廉．福特最終點頭答應親自出馬。他說：「我不知道這是否是人們願意看到的，但如果這樣做能挽救福特公司，我會在所不辭。」

威廉．福特親自出馬做廣告這一舉動的確是明智之舉。當時美國正處在 911 事件之後，人民的情緒普遍低落，對國家的安全感也存在疑慮。他們內心的那種恐慌和失落不是政府幾句空洞的保證就能完全消除的，他們更需要心靈上的慰藉。在這一點上，歷史文化的感染力顯然遠遠勝過政治。福特公司這一回顧歷史的舉動的確能喚起人們對歷史的自豪感和對家庭的思念，同時也有對福特汽車的好感。與大量重複的商用轎車廣告形成鮮明的反差。這種能傳達出和藹、親情、體貼和溫暖的廣告企劃要比看到新車型更能讓人為之心動。

結論

經過公司員工上下的共同努力，福特汽車公司 2003 年全年淨收益 4.95 億美元，與 2002 虧損 9.8 億美元相比，福特汽車公司 2003 年的業績呈現好轉趨勢。

2003 年福特還在很多領域獲得了成功：全球汽車業務正收益；節約成本 32 億美元；新產品成功推出，包括福特歐洲推出的福特 Focus C-MAX、捷豹 Jaguar XI和富豪 Volvo S40，北美地區推出的福特 F-150、福特 Freestar 和水星 Mercury Monterey；北美地區每臺車平均收入較前一年增長 724 美元；全年福特信貸稅前盈餘為 30 億美元；擁有良好的汽車業務現金狀況；價值 259 億美元的現金和可兌換債券；與美國汽車工人聯合會及偉世通公司達成協議；福特品牌連續 17 年成為美國最暢銷的汽車品牌；福特 F-150 功名顯赫榮獲 20 多個獎項等等。

福特汽車公司 2004 年在全球陸續推出 40 款新產品。主打車型包括福特 Freestyle、福特 500、福特 Mustang、水星 Monterey、Jaguar S-TYPE、Aston Martin DB9 coupe、Volvo V50 以及世界第一款百分百混合動力車福特 Escape Hybrid。

第二章　起死回生的汽車家族

福特汽車在威廉·福特的努力下逐漸恢復往日的活力，重新奪回失去的地位，成功重塑企業的形象。

一個企業沒有好的管理者不行，同樣，沒有管理者可以任用的各種人才也不行。這就如同人們熟悉的「帥才」、「將才」說。能指揮千軍萬馬、運籌帷幄的軍事家，人們稱為「帥才」，能身先士卒，領兵打仗的指揮者，人們稱為「將才」。在企業經營中，企業家如同「帥」，各部門主管如同「將」，將和帥緊密配合，才有打勝仗的可能。如果，帥遇良將，將遇良才，那這支軍隊無往而不勝。沒有將才，再能指揮千軍萬馬的帥也只能是巧婦難為無米之炊。

隨著時代不斷向前發展，企業參與國際競爭將不可避免，而這場競爭的本質就是人才的競爭。福特公司的一成一敗，也正說明了企業必須要由人才來支撐，缺少了哪一個職位的人才，哪一個職位就要出問題。

面對這種激烈競爭的態勢，企業經營管理者應該先自省，自己的公司是否有實力參與人才競爭？很顯然，實力又是對原有人才基礎的綜合評定。有了人才，企業的實力在管理者的大力支持下必然會強大起來。一個管理者如果不能容忍下屬的能力趕上或超過自己，甚至忌才，那將是很危險的，只有勇於重用比自己強的人，才能換得一片新的天地。

相關連結之一：福特大事記

1896 年 亨利．福特製造了他的第一部汽車。

1903 年 福特汽車公司成立。

1908 年 推出福特 T 型車，在 1908 到 1927 年間生產 1,500 多萬輛 T 型車。

1913 年 創立汽車組裝流水線，使組裝速度提高了 8 倍。

1918 年 開始建設龐大的汽車製造工廠—紅河基地。

1919 年 埃德塞爾．福特（Edsel Ford）接替亨利．福特任公司總裁。

1922 年 收購汽車品牌林肯。

1932 年 成為歷史上第一家成功鑄造出整體 V8 引擎氣缸的公司。

1935 年 開創品牌水星 Mercury，填補福特產品和高檔林肯產品間的市場空缺。

1943 年 埃德塞爾．福特去世，年僅 49 歲。同年，亨利．福特重新擔任福特汽車公司總裁。

1945 年 亨利．福特二世任福特汽車公司總裁。

1948 年 生產了第一部 F 系列貨卡，這在汽車史上是最成功的汽車系列。

1954 年 推出 Thunderbird 車型，美國歷史上迄今為止最成功的小型跑車。

1959 年 汽車信貸公司成立。至今已成為全球最大的專業汽車金融公司。

1967 年 歐洲公司建立。

1970 年 亞太汽車業務部建立。

1989 年 收購英國名貴轎車品牌捷豹汽車。

1996 年 成為首家全部生產廠取得 IS014001 世界環境標準認證的汽車公司。

1999 年 威廉．克萊．福特成為福特汽車公司董事長。1 月 28 日，購買 VOLVO 全球轎車業務。

2000 年 從 BMW 集團正式購得荒原路華 Land Rover 的所有權。

2003 年 福特汽車公司慶祝百年華誕。

相關連結之二：福特世家

如果老福特還健在，福特公司可能一直都會歸家族所有。因為在他看來，股權分散正是不少競爭者們之所以失敗的原因。股東在老福特眼中被稱為「寄生蟲」，在福特公司他們的作用應該降到最低程度。在美國歷史上偉大的企業家中，如此敵視銀行家的亨利．福特是千古第一。從西元 1903 年到 1955 年的 52 年間，福特汽車一直保持私有。

西元 1943 年，福特公司總裁 —— 亨利．福特的兒子埃德塞爾因病去世，公司陷入低谷。埃德塞爾的兒子，時年 26 歲的亨利二世被美國海軍陸戰隊要求接替父親的職位 —— 不是他的祖父老福特要求他繼任，而是美國政府的意願。因為當時正是二戰時期，福特生產的吉普車和飛機引擎是重要的軍用物資，華盛頓方面認為，老福特已經太老了，他只會把公司搞糟，福特公司需要一個年輕的領導者來統率公司。

亨利．福特二世被認為是一個有著現代企業家意識的新福特。西元 1956 年，亨利．福特二世宣布公開出售股份，籌資 6.4 億美元，成為當時金融史上最大的一次股票發售。允許公眾股份制違背了公司創始人創建公司時制訂的政策，但華爾街卻歡呼稱福特公司的舉動「符合美國的傳統」，股票認購者幾乎包括了華爾街上所有的大公司。

為使家族成員仍然在公司有足夠的投票權，亨利．福特二世把股票分成兩種：60% 普通股出售給公眾，另外還有 40% 的特別股，只有家族成員才能買賣該種股票，但他們將特別股換成普通股後就可以出售。據福特家族的成員回憶，1980 年代後，就再沒有家族成員出售過特別股。雖然福特大半已經為大眾所有，但福特家族在公司中仍占 40% 股份，福特公司至今還是最具代表性的家族企業。

按道理說，作為家族企業，論大威廉．福特不比美國零售商沃爾瑪，論歷史不比始建於西元 578 年日本的建築公司金剛組，而在汽車製造商中，寶獅、飛雅特、寶馬、現代也都是家族企業。但福特的特別之處就在於，它不僅規模大，而且長命百歲。據統計結果顯示，只有 3% 到 4% 的家族企業能持續三代以上，通常情況下，公司一上市，家族成員的掌控權也隨之分散了。

如今，福特家族已經延續到了第六代，福特公司正在創造作為家族企業的各項紀錄，這對一個家族來說，的確是一種了不起的驕傲。

第二章　起死回生的汽車家族

第三章

從不可一世到特立獨行 —— 蘋果

一個從無到有，用五年時間就躍入全美 500 大之列的企業，竟然在若干年後，在市場大潮中被擊得東倒西歪。然而，它卻在跌倒處堅強地又站了起來。這就是有著不屈精神的蘋果電腦公司！

1976 年，沃茲尼克（Stephen Wozniak）和賈伯斯（Steven Jobs）點燃了個人電腦革命的聖火，同時也點燃了世界的矽谷之火。蘋果電腦公司就在此時應運而生。二十多年的跌宕起伏，蘋果一直向世人演繹著它的個人神話，展示著它的特有風采。

漸漸爛下去的蘋果

幫蘋果打下江山的是個人電腦 Apple II，隨著蘋果霸主地位的確立，賈伯斯本人也走向輝煌。在美國歷史上，賈伯斯是以最短的時間聚集最多財富的人之一，多次登上《時代》週刊的封面。

但是，和很多被勝利沖昏了頭腦的人一樣，賈伯斯也開始驕傲自大，在他領導下的蘋果竟然也漸漸跟隨著這位精神領袖狂妄起舞。他們沉浸在鮮花和掌聲之中，然而，強大的競爭對手在背後虎視眈眈，努力升級、等待時機，想嘗嘗吃掉蘋果的滋味……

一、驕傲的蘋果

在個人電腦世界裡暢通無阻的蘋果，受夠了市場的寵愛和輿論的吹捧，陶醉在成功後的喜悅之中。但是規律就是規律，

「暴發戶」的喜悅似乎有些太過分，以至於開始遭人妒忌起來。有句俗話說，水能載舟，亦能覆舟，蘋果上上下下的自傲自信創造了蘋果，同時又將蘋果推向死亡邊緣。的確，蘋果有驕傲的資本，但是，他們一旦忽略顧客需求，脫離市場，只顧盲目提高自己的技術水準，必然會受到市場制裁，結果蘋果成了狂傲的「典範」，為了狂傲二字，蘋果公司付出了沉重的代價。賈伯斯和他的夥伴們共同播下的狂妄種子，為蘋果公司的繼續發展設置了重重障礙。

在競爭激烈的商品市場中搏鬥，就像在洶湧澎湃的大海裡逆風航行一樣，不進則退。今天的繁榮不能保證明天的成功。誰不居安思危，誰不推出新產品、開發新技術，誰就會被對手超過，甚至被市場的大潮所吞噬、埋葬。雖不知賈伯斯有沒有注意到這一真理，他必定忽略了「企業每年都要從零起步，否則就會失去發展動力」這一箴言。

蘋果的驕傲自大不僅矇住了自己眼睛，同時也為自己增加了不少競爭對手。由於蘋果迅速成功，不少投資者都被吸引到加州只有 338 平方公里的矽谷。在短短的時間裡，這裡就有 100 多家高科技公司如雨後春筍般地迅速建立起來，他們都在倣法蘋果的成功經驗，力圖在一夜之間完成他們致富的美夢，從這塊傳說中的寶地裡挖出黃金。

二、最強大的競爭對手

Apple II 自西元 1977 年面世之後，便一直是個人電腦世界的霸主，幾乎沒有遇上過像樣的對手。在銷售中，蘋果電腦也從未出現過供大於求的局面，某些地方，蘋果電腦簡直是不銷自售，有時甚至可以算是搶購。如此好的銷售成績讓賈伯斯相當過癮，頻頻而來的捷報讓他在虛幻的王國裡舒舒服服地享受獨霸個人電腦業界的清閒與愜意，麻痺和大意使他感覺不到周圍已經充滿濃濃的火藥味。

按自然規律，有肉的地方定然會招來各種食肉動物的出現，更何況蘋果公司正在那裡大肆招搖。豐厚的利潤回報，就像鮮美的肥肉，終於引來了當時世界上 IT 界最大的猛虎——IBM。西元 1981 年，享譽全球電腦業的藍色巨人 IBM 宣布進軍個人電腦市場。這隻龐然巨獸終於聞到了個人電腦市場的香味，迫不及待地要分割這個一直被蘋果公司壟斷的市場。眾所周知，IBM 公司至今仍是世界電子工業中名列榜首的產業鉅子，早在蘋果公司尚未出世的 62 年前（IBM 成立於西元 1914 年），它就以其世界上最大、最先進的電腦及其周邊設備製造商而聞名天下。IBM 公司歷史悠久、資金雄厚、技術先進、業務範圍廣闊，在世界各地都有銷售通路。該公司的英文縮寫——三個醒目的藍色字母 IBM，在世界各大城市隨處可見。由於 IBM 公司崇尚藍色，其廣告、產品和工作服等地方的公司商標也都統一使用藍色的企業標識，因此獲得了「藍色巨人」的別稱。IBM 進入微型電腦市場，預示著「紅蘋果」和「藍巨人」之爭在所難免。

在 IBM 進軍個人電腦市場的同時，其他眾多中小型電腦公司也來渾水摸魚，跟著這股強大颶風四面出擊，希望在這淘金的隊伍中分到一杯羹。在如此嚴峻的形勢下，當時，尚在統領蘋果的賈伯斯似乎有所醒悟，然而蘋果的管理層好像尚未覺悟。西元 1981 年 5 月，著急的賈伯斯召開蘋果公司高層管理人員會議，他在會上說：「IBM 這個巨大的競爭對手來了，會在短短的時間內推出我們不敢輕視、難以匹敵的精華產品。蘋果正走到交叉路口：一條是寬敞卻通向沒落的魔鬼大道，一條則是布滿荊棘，但通向更加輝煌領域的拚搏之路。蘋果到了必須選擇的時間了！」一場個人電腦界的大廝殺在這兩大電腦公司之間拉開序幕，然而廝殺的結果尚不得而知。

三、失信之敗

早在西元 1981 年 6 月，蘋果公司便對外宣布即將開發全新的 Apple III。在《彭博商業周刊》和《時代雜誌》等國際知名雜誌上，蘋果公司買下了巨幅廣告頁面，宣布公司將在年底推出 Apple III，而且聲稱 Apple III比 Apple II 卓越百倍。蘋果的忠實購買者和崇拜者聽到這個消息後，所造成的轟動不亞於華爾街股市崩潰。Apple III在還未出世之前便備受人們的關注，

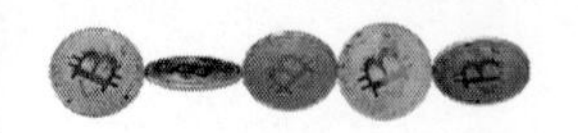

在大眾之間一開始就獲得了極高的期待。

Apple III由 CEO 史考特（Michael Scott）全面負責，工程師出身的他對積體電路生產技術十分熟悉，然而他卻缺乏必要的商業行銷知識。在史考特的眼中，市場似乎圍繞著技術的競爭，對於電腦這種高科技產品，誰能推出更高科技的產品，誰就能搶占市場。CEO 的理念急壞了董事長麥可・馬庫拉（Mike Markkula），他認為這樣下去蘋果總有一天要成為市場的棄兒，他對史考特說：「麥克，我相信你的技術才能與天賦，但我必須提醒你，一定要注意市場動向，並非越高級的電腦越搶手、越先進的技術越吃香。你一定要傾聽消費者的意見，作為CEO，你會考慮周全的，我相信你。」遺憾的是史考特對麥可・馬庫拉的建議沒有任何反應，將麥可・馬庫拉的忠告當作了耳邊風。他一味地追求高規格，卻忽視了電腦性能是否能與市場需求同步發展。技術人員紛紛抱怨在如此短暫的時間內交出Apple III簡直是天方夜譚，直到西元 1981 年 11 月，Apple III還有五分之三的技術問題未能解決。

隨著交付期限越來越近，史考特整天如坐針氈，除了向技術人員咆哮之外無事可做。由於事先的宣傳，Apple III幾乎是在大眾的期待中進行的，不少顧客向公司催問 Apple III的進展。眼前的狀況使蘋果焦頭爛額，只能在兩條路中選擇一條。要不就繼續研發技術，寧願背著失信的包袱也要使電腦達到完美；要不就放寬對 Apple III過高的技術要求，盡快上市，以表明公司對承諾的重視。權衡之後，史考特選擇了後者。儘管如此，到西元 1981 年的最後一天時，Apple III還是未能與公眾見面，蘋果公司第一次在公眾面前輸掉了信譽。

由於 Apple III遲遲不能上市，蘋果公司不得不以 Apple III技術複雜為由，將上市時間由原定的西元 1981 年底推遲到 1982 年 3 月。然而，蘋果公司居然再度失信於公眾 —— 直到 1982 年 5 月蘋果公司才將技術尚未達到盡善盡美的 Apple III 推向了市場。在時間上，Apple III的上市時間比預定計畫遲到了整整五個月。然而這還不是最重要的問題，問題是遲到的 Apple III與原先廣告中許諾的 Apple III在技術上完全無法相提並論，消費者買到的 Apple III與廣告上的 Apple III相差甚遠，根本是物無所值。消費者沒想到苦苦等待一年，得到的竟是這麼粗製濫造的電腦！這次蘋果公司嚴重失信的事件引起了使用者普遍不滿，大大傷害了廣大消費者的感情。公司不斷接到指責甚至是謾罵的電話，甚至有人到法庭上起訴蘋果對公眾的欺騙行為，要求蘋果公司賠償他們的損失。輿論也抓緊時機湊熱鬧，把紅極一時的蘋果公司貶得一塌糊塗，蘋果的聲譽急遽下降，股市也不甘寂寞，立即反應了這些變化，蘋果的股票連連下跌。蘋果公司遭遇自身歷史上最悲慘的經營狀況，麥克．史考特因此被撤銷了 CEO 的職務，由麥可．馬庫拉出任公司的 CEO。蘋果公司拿消費者「開玩笑」終於得到了重重的懲罰。

四、分崩離析

身為產品開發部副總的賈伯斯，其管理上的「專橫」在公司裡引起了很多人的不滿，尤其是在管理階層。加上他主持研發的麥金塔（Macintosh，簡稱 Mac）操作系統失敗，使他的人氣急遽下降。公司的兩大巨頭 —— 史卡利（John Sculley）和賈伯斯也產生了嚴重分歧，他們二人對於公司近期的失誤互相推諉，賈伯斯把所有的罪責都歸咎於史卡利管理無方，指責史卡利沒有完成真正的策略部署，從而貽誤了蘋果的發展機會。史卡利則把蘋果的困境歸咎於賈伯斯對他經營權的干涉，二人勢成水火。

為協調史卡利和賈伯斯二人的關係，公司董事會在西元 1985 年 8 月召開了一次董事會。事先史卡利已經做好了充分的準備，要把賈伯斯從自己的身旁踢開，不讓他干涉自己的行動。他向董事會提出調整方案：有賈伯斯在，他就無法執行職務，蘋果這座山不能同時容下兩隻老虎。要不就是賈伯斯離開公司，要不就是他另謀高就。

事先對這一變故毫不知情的賈伯斯一下子陷入被動，在史卡利的大舉進攻之下顯得束手無策。最終董事會做出決定，解除賈伯斯包括麥金塔研發部門的所有行政職務，今後只掛董事長一虛名。之後，史卡利公布了公司的改組計畫，名單中沒有賈伯斯的名字，正式將賈伯斯排除在公司的權力之外，賈伯斯最終被蘋果一腳踢出管理層。最愛湊熱鬧的新聞界把這場人事變故稱為「政變」，因為史卡利曾任百事可樂副總裁，輿論普遍刻薄挖苦說：「賣蘇打水的老闆攆走『蘋果』的主人。」

賈伯斯萬萬沒有想到，自己一手創辦的蘋果公司會把自己一腳踢出門外，心裡雖然很不甘，但想挽回也已太遲。他最後做出了痛苦的選擇：離開自己一手創建的蘋果，另起爐灶籌建新的公司，給蘋果的新主管一點顏色瞧瞧。他開始有計畫地拋售他所擁有的蘋果股票，以換取足夠的資金去做他想做的事情。同時，他又在原來蘋果的心腹當中物色人才，為自己將要組建的新公司挑選骨幹。這些另起爐灶挖牆腳的祕密終於被蘋果管理層發現，公司的主管們再也不能容忍了，該是對賈伯斯下手的時候了。賈伯斯不待董事會逼他辭職就先發制人，於西元 1985 年 9 月 17 日向公司董事會提出辭呈——「公司最近的改組使我無所事事，甚至接觸不到管理部門的普通報告。我只有 30 歲，還可以做點事。董事們這樣對我是不公平的，我要求立即辭職。」

西元 1985 年之後，蘋果公司前進的步伐逐漸減慢，驕傲的蘋果正在毀滅自己親手栽種的蘋果樹，尤其是賈伯斯，為自己驕傲專橫的經營作風付出了沉重的代價——被踢出蘋果。蘋果為此一蹶不振，當時誰都不敢預言能否東山再起。無比自信甚至驕傲的英雄賈伯斯帶著痛苦和遺憾離開了蘋果公司。雖然如此，賈伯斯留給蘋果的遺產——「叛逆精神」，卻是蘋果公司難以消化的核心文化，這影響是如此巨大，以至於為蘋果公司撒下了困境頻頻的種子。賈伯斯走了，蘋果公司的一個時代也因此而畫上了句號。

一朝狂妄一朝醒

一系列的人事變故使蘋果公司元氣大傷，甚至瀕臨出售邊緣。蘋果狂傲的風格成就了它過去的輝煌，然而賈伯斯離開，這風格同時也帶給它滅頂之災。技術部的人員自恃專有技術，固執地抱著技術專利死死不放。在他們眼裡，蘋果能有半壁江山完全是因為蘋果獨有的技術，他們對於市場要求電腦相互兼容的聲音毫不理會，一無所知；管理階層內部鉤心鬥角，只為爭個你死我活。公司的分歧日趨明顯，職能部門各行其是。對市場的盲目，讓昔日燦爛的蘋果沉沉地睡去。

但是，蘋果絕非平庸之輩。在蘋果公司，個人電腦的研發隊伍裡有著最先進的技術人才，有著十幾年的個人電腦的製造和經營經驗，最重要的是蘋果上下有一股傲氣，如果能將這種優勢整合利用好，就會為公司帶來極大的效益。

一、成也「喬君」，敗也「喬君」

西元 1985 年 9 月，賈伯斯帶著遺憾和痛苦離開了蘋果公司，他曾發誓要創造一番比蘋果更偉大的事業，以此來證明自己是真正的英雄。次年，他便用價值 1 億美元的蘋果股票買下了一個專門以數位技術製作動畫的小公司。之後的西元 1989 年，賈伯斯又買下了盧卡斯影業的動畫電影製作部門 —— 皮克斯動畫工作室 (Pixar)，賈伯斯有了自己的新公司。

皮克斯是一個擁有新興技術和新市場的公司，它將高科技與電影業奇妙地組合在一起，將電腦科技應用於電影製作中，產生利用真人和攝影機無法達到的視覺衝擊。賈伯斯的皮克斯動畫工作室與迪士尼樂園簽訂合約，製作了《玩具總動員》和《蟲蟲危機》，獲得巨大成功。皮克斯也因動畫電影的成功而公開上市，賈伯斯手中的股票價值迅速飆升，超過了 5 億美元。1996 年賈伯斯的公司股票上市時，他已經成為了「十億富翁」，創造了一個新的神話。

而在此期間，蘋果公司仍在經歷起起伏伏，霉運不斷，儘管更換了幾任 CEO，卻總不見起色。最後，蘋果的管理層們還是想到了賈伯斯，雖然這讓人感到有些卑躬屈膝，但這卻是極端務實的態度。有將無帥，仗是很難打贏的。

1996 年，蘋果大家庭釋出誠意，邀請在外漂泊了 10 多年的賈伯斯歸來。1997 年初，賈伯斯以救世主的姿態被請回他所創建的公司。他帶著 1970 年代的理想精神和 1990 年代的經營理念，回到蘋果再續傳奇。

凱旋的賈伯斯大刀闊斧整頓公司，集中精力研製新產品。

在賈伯斯雷厲風行的領導下，開發 iMac 僅用了短短 10 個月，這可是前所未有的速度。iMac 的出現震撼了整個 IT 界。1997 年，賈伯斯再次成為《時代雜誌》封面人物，並被評為最成功的管理者。

追索賈伯斯毀譽參半的一生，特立獨行、我行我素，是他的性格，也是他的特色。在 IT 業，賈伯斯是一個鬼才，只要有他在，IT 的驚喜就不會終止。有人批評賈伯斯，說他喜怒無常，不通人情世故，甚至獨斷專行，全然不顧他人感受。然而，他的獨斷專行對於蘋果公司來說，既是禍，也是福，可以用一句話來概括：「成也喬君，敗也喬君」。而無論賈伯斯是成功還是失敗，他都令人敬佩，因為他拒絕平庸！這也使蘋果公司成為最具有個人人格魅力的地方。

二、卸下包袱，輕裝前進

賈伯斯回歸後，蘋果公司面臨的第一大難題就是庫存問題，這個問題不先解決，公司的其他工作就難以展開。試想一下，一個身負千斤的人怎麼可能讓步伐變得輕盈呢？據 1996 年的數據顯示，當年蘋果公司的銷售收入下降了 17 億美元，但其庫存成品的價值卻高達 7 億美元。這一現狀直接導致以下兩個方面的不良後果：一是公司的新產品缺貨，電腦經銷商無貨可售，只能眼睜睜看著大量客戶倒向競爭對手；二是公司的舊產品根本賣不出去，嚴重過剩。大量成品存貨不得不大幅度降價出售，造成資產流失，公司處於無利潤銷售的狀況。為了有效地解決這一問題，賈伯斯上任後最先下的一副經營猛藥便是降低庫存。為了有效減少公司庫存，他不惜重金聘請了康柏電腦公司（Compaq）的資材部門副總裁提姆．庫克（Tim Cook）來完成這一使命，並且制定了目標：消化庫存要超過當時在壓低庫存方面做得最好的戴爾電腦。

其實一般而言，庫存過多幾乎都是機構冗雜、銷售訊息反饋不暢所導致的。庫克一到任，立即著手關閉 10 多個成品倉庫，並將剩下的成品倉庫合併成 9 個地區倉庫。接著，他又四方遊說，將蘋果公司的 100 多個主要供應商精簡成 24 個，使他們為蘋果電腦提供零件時更加簡便，以便提高整體的工作效益，為公司縮短供應鏈，節省寶貴的時間。為了擴大銷售管道，方便顧客隨時了解和購買蘋果公司的產品，公司還開發了一套線上訂購系統。這樣一來，只要有網路的地方，蘋果產品就能保持銷售通路暢通。改革以後，蘋果公司的線上商店接到訂單當天就能送出 75% 的貨。除此之外，蘋果公司還說服它的主要代理商在自己公司系統內建立二級銷售網路，以便及時發貨。同時，將整個從接到訂單到把貨發到客戶手中所需的時間從 4 個月減少到 2 個月，這樣，蘋果產品的出貨時間更快、庫存周轉也更快。

到 1998 年 9 月，蘋果電腦的總體庫存已比 1996 年底下降了 82%，從 1996 年的平均庫存 27 天下降至只有 6 天，這比當時戴爾公司的平均庫存天數還少一天的時間。到 1999 年 9 月，公司連續兩年盈利，利潤從 1997 年的虧損一億八千萬美元，變成了盈利一億一千多萬美元，到 1999 年 9 月，蘋果電腦的股票從 1997 年的每股 13 美元上升至每股超過 100 美元。

三、瞄準市場，疏通渠道

在第一步減少庫存成功之後，賈伯斯又開始全面深入改革。在產品的設計與製造方面，蘋果公司具有無可置疑的技術優勢，但是在市場營銷的策略與供應鏈管理方面，蘋果公司的觀念卻落後於市場。舊的管理理念已經不再適用，賈伯斯把挽救蘋果電腦的賭注壓在高速成長的家用電腦市場上。他上任不久，蘋果電腦就將全新的家用產品上市，並獲得了相當的成功。然而，保證這項核心策略成功的背後重點，就是圍繞降低存貨成本設置的供應鏈系統。為此，賈伯斯對蘋果電腦進行了一系列的供應鏈關係改革：

其一，就是前面講過的降低產品庫存，這在一系列改革措施中的第一步中已經做到了，為後面深入改革打下了堅實的基礎。

其二，瞄準細分市場，側重網路行銷。在網路行銷方面，賈伯斯算是真正的內行人，早在蘋果公司的成立之初，他便是靠這項天賦在電腦界打出了一片屬於自己的天空。但是，今時已不同往日，為了謹慎起見，蘋果電腦並沒有標新立異的全面改革，而是向戴爾電腦全面廣告加網路銷售的做法學習，直接模仿戴爾電腦的銷售策略。在恢復建立自己的銷售通路後，公司實施利用網際網路加大宣傳的銷售策略，透過在公司的專賣店直接接收客戶訂單，並為他們訂製的產品建立物流配送。為此，蘋果還改造 ERP 系統，從而強化了公司在客戶資源管理上的能力。

其三，為了降低公司研發與材料供應的成本，賈伯斯採取重組公司供應商關係的方式，在公司與材料供應商之間形成一條更加緊密的產品生產鏈。蘋果電腦採取的最重要的手段，首先是將原先龐大的供應商數量減少至一個較小而能全面代理的核心群體，避免因供應商的因素造成品質、週期等不穩定而為公司帶來連帶風險。同時，經常向這些供應商回饋對市場的預測，並要求他們即時從最可靠的配銷中心向生產線供貨，以便形成有效的供應商網路。

其四，削減產品的成品倉儲及運輸成本。在這一方面，蘋果電腦還是效仿戴爾電腦公司，開啟了從生產到客戶，直接交貨的革命。如此一來，大大節省公司總體的倉儲與運輸成本。

其五，為減少不必要的製造成本，將公司非核心競爭力的業務外包出去，同時提高生產製造的效率。舉個例子，過去蘋果電腦一直都是自己生產主機板，可是 1998 年的調查發現，某些 PC 主機板生產廠家的產品已經比蘋果自己生產的主機板還要好。既然如此，公司便果斷地將這部分業務賣掉，直接採購別人的主機板。

隨著賈伯斯一系列的改革，在壓低庫存、瞄準市場、降低成本、提高效率等措施下，蘋果電腦的經營效益明顯好轉。

四、重金投入，恢復形象

俗話說，人活一張臉，樹活一張皮。現代商戰中，企業的形象非常重要。1990 年代的電腦市場已經群星璀璨，蘋果公司過去那種五年進入 500 大的英雄時代早已一去不復返了。蘋果除了必須拿出能夠吸引顧客的產品之外，還要想盡一切辦法恢復公司的形象，重新吸引成千上萬顧客對自己的關注。

賈伯斯在這方面的動作如同他的其他改革措施一樣徹底，絲毫不例外，這次他對於廣告的投入可以說到了毫不吝惜預算的程度。1998 年公司的廣告預算提高到 1 億美元。而「Think Different」（不同凡想）的概念就是在這時正式被提出的。「Think Different」系列廣告的問世，將賈伯斯在蘋果的差異化策略表現得淋漓盡致。

該方案是由專業廣告人克勞（Lee Clow）構思的，他將「Think Different」的標語，結合了許多在不同領域的創意天才，包括愛因斯坦、甘地、拳王阿里、理查．布蘭森、約翰．

藍儂等人的黑白照片。當這個廣告刺激消費者去思考蘋果電腦的與眾不同時，也同時促使人們思考自己的與眾不同，產生透過使用蘋果電腦而使他們也成為創意天才的聯想。

一系列成功恢復形象的舉措為蘋果拉回了不少顧客，事後賈伯斯不無得意地說：「與眾不同的思考代表著蘋果的品牌精神，充滿創意熱情的人們可以讓這個世界變得更美好，蘋果一定會為處處可見的創意人才，製造世界上最好的工具。」與眾不同的創意加上精彩絕倫的廣告，的確讓蘋果獲得不少消費者的口碑。

五、化解敵對，尋求結盟

1970 ～ 1980 年代，蘋果幾乎是一路我行我素地挺過來的，與其他個人電腦無法兼容的操作系統由於狂傲不羈最終為市場所棄。凱旋的賈伯斯重掌蘋果大旗後，市場所給予的教訓使他比以前成熟了不少，他不再像以前那樣盲目地自高自大、目中無人、視天下英雄為草芥。在市場的大潮中，他開始尋求盟友，調整結盟力量，與「宿敵 」和解。對於這一方針的制定，賈伯斯強調：公司必須按部就班與其他公司聯合，確保它們能做出蘋果所需要的補充性貢獻。當然，這與微軟等一大批電腦公司的成功有著巨大的關係，賈伯斯畢竟看到了微軟的不可替代性。

在與微軟的合作協議中，雙方承諾加速開發基於 Macintosh 系統，且與 Office 相互兼容的套裝辦公軟體。微軟承諾讓辦公系統支援麥金塔至少 5 年，同時向蘋果注入 1.5 億美元購買蘋果 5% 的股權，幫助蘋果公司從緊繃的財政狀況中解脫。而蘋果公司需要做的，是在 Mac 中內建微軟的「探險家」網頁瀏覽器，也就是著名的 IE（Intemet Explorer）瀏覽器。這種互惠互利的合作無疑對兩家公司都有百利而無一害，是一種雙贏的結果。在賈伯斯眼中，蘋果是他的全部，他曾經說過：「蘋果比找個女朋友還重要，比一日三餐還重要，比任何東西都重要。」賈伯斯的這一英明決策後來被證明是曾經獨來獨往的蘋果史上壯舉，由於整個電腦產業已從傳統的垂直市場轉向水平市場，這種與對手間的多元交叉性關係的存在也就是理所當然的了。

在這一方針的指引下，蘋果電腦逐步打開大門，相容了更多的「對手」。蘋果電腦不僅可以支援更多的周邊裝置和各種數位產品，同時將相容那些以往只能在 PC 和微軟的 Windows 下運行的應用程式，透過兼容和支援運行 PC 軟硬體的方式，與 PC 一起重新調整市場布局。

賈伯斯推出引以為傲的 G4 和 macOS 操作系統，足以讓蘋果與英特爾的處理器和微軟的 Windows 分庭抗禮，蘋果也不再是圖形製作專用電腦的代名詞。賈伯斯的蓄勢待發和東山再起，讓蘋果在市場中確立了自己不可替代的位置。

六、不斷創新，追求個性

應該說，賈伯斯是一個與眾不同的管理者，他手下的公司在他的領導下生來就具有追求與眾不同的理念。蘋果的策略在改變，而這種偏重於「個性化」的柔性策略使賈伯斯嘗到了更多甜頭。作為一個卓越的實戰派領導者，賈伯斯漸漸確立他對蘋果公司的策略變革：不再把蘋果塑造成一個純粹的個人電腦製造商，而是把它打造成一個高端消費電子與服務公司。自1998年推出全新的iMac電腦以來，蘋果每一次發表新產品都像是強力炸藥，把大家炸得天翻地覆。賈伯斯似乎也樂在其中，接受一次又一次的驚嘆歡呼。

祕密武器iMac算得上是賈伯斯上任後扭轉乾坤的殺手鐧，在尚未正式推出之前便接到15萬份訂單，使沉寂了多年的蘋果終於重放異彩。這款iMac電腦上市僅六個星期，就銷售了27.8萬臺，以至於《彭博商業周刊》把iMac評為1998年的最佳產品。iMac的設計讓所有的電腦迷眼前一亮：半透明的塑膠外殼，弧線造型的機身顯示了蘋果特立獨行的性格。外形是賈伯斯讓iMac以使用者為中心設計的第一步，為了讓外形更加別致，設計人員特地請教了糖果公司的包裝專家，這種設計在當時引起設計界一陣塑膠狂熱。

2002年1月7日的發布會上，賈伯斯熱情洋溢地展示他的新款iMac電腦，它可以說是賈伯斯打破低迷現狀至關重要的

「殺手鐧」，他沒有滿足於局部改進，而是選擇了「以設計標新立異的新產品賭一把」策略。iMac 全新機型的推出，不僅以其漂亮的外形，更以其強大的網路功能使廣大的電腦迷們如沐春風，使一味打價格戰的電腦市場出現了新的生機與活力。沒落了多年的蘋果公司終於讓人有耳目一新的感覺，這應該說是得益於賈伯斯的獨特創意。

1990 年代末期，由於 Macintosh 獨立操作系統和先進的工業設計理念問世，奠定了蘋果成為電腦尖端產品的地位。這些力量全都來自於創新的個性化追求。

賈伯斯深知只有不斷創新才能讓蘋果充滿活力，於是集中技術力量不斷開發新產品，繼 iMac 桌上型電腦上市後，iBook 筆記型電腦、Power Mac G4 桌上型電腦和 iPod 播放器等一系列新產品相繼問世，每一項新產品問世都表示蘋果試圖奪回被占據的市場。

蘋果的經營目標，是想成為電腦界的「霸主」。蘋果是唯一跨足軟體與硬體，生產全套產品的個人電腦公司，這就意味著蘋果公司必須能夠推出更容易使用的操作系統，這是爭取消費者青睞的可靠資本。賈伯斯深知要在這個競爭激烈的社會中生存，必須有自己拿得出手而又與眾不同的手段和特色，必須時刻以最銳利的目光注視著市場的動向，在市場接近疲軟的時候必須拿出一些新東西，還得在市場大潮中掀起千層巨浪，隨時吸引消費者的目光，引領市場潮流，才能使自己立於不敗之地。

事實證明，蘋果在賈伯斯的領導下再次煥發出奪目的光彩。在蘋果，賈伯斯成為英雄，成為傳奇。賈伯斯創造了蘋果，第一次使蘋果的名字震撼電腦界；賈伯斯離開，蘋果隨即陷入困境；賈伯斯再度領航蘋果，蘋果就能再創輝煌。

結論

蘋果成功東山再起的故事在商界之中被人相繼傳誦，賈伯斯成為不少人心目中的偶像，蘋果的經歷也成為轉敗為勝的經典案例，被不少教科書廣為引用。從蘋果的經驗分析中可以得出一個肯定的結論：擁有英明的統帥，就可能擁有成功的團隊。賈伯斯並非是十全十美的英雄，但是，把賈伯斯請回重掌帥印，無疑是蘋果的經典之作。

作為企業從低谷翻盤，走向再度輝煌的典型案例，我們不妨思考一下蘋果給我們的啟示。

第一，如今，開辦一個自己的企業，讓自己成為一個老闆並不難。然而老闆並不算是企業家，就如同會寫字的不一定都是作家，會開槍的不一定都是將軍一樣。「老闆」只不過是一個「初級階段」，被人稱為企業家也不過是一種普遍現象，而真正成為成功的企業家，就不是易事了，不僅需要很厚的功底，更需要很高的能力，特別是當企業家的能力。企業的績效在很大程度上取決於是否有卓越的領導者，而企業的發展在很大程

度上是由企業家素養決定的。也就是說，企業家素養是決定企業家能否經營好企業的綜合能力，賈伯斯與蘋果的關係正好說明了這一點。

第二，人才是企業發展的根本，這句話似乎是老生常談，但蘋果電腦的大起大落又一次證明了這一點。古人說智生識，識生斷。一個企業之所以能成功，必定有一個有著過人智識的企業家。而在這個企業家的「智」和「識」中，他必定體會到，企業的成敗與否，絕非全盤仰仗自己一人，一定得依靠眾多的人才。賈伯斯之所以能帶領蘋果翻盤，關鍵就在於蘋果過去累積的一大批優秀人才。

另一方面：就是能否把握好「帥才」與「將才」的關係。眾所周知，所謂「帥才」是那些統領千軍萬馬、運籌帷幄，指揮全局策略的人才，而「將才」是那些身先士卒，領兵打仗獨當一面的戰役指揮人才。有帥無將，或是有將無帥都不能保證必勝，但是，「明帥」配「良將」，就成為事業成功的保證。經營企業應該知道，良將不好找，明帥更難求。企業管理者們尋找人才，就應該像追求利潤一樣鍥而不捨，要堅信，有了人才就有了一切。

第三，蘋果之所以能夠翻盤，關鍵在賈伯斯和蘋果的管理層都認識到「不可一世」的危害性，而且他們都勇於認識錯誤、改正錯誤。蘋果重新請回賈伯斯領軍統帥，賈伯斯放棄 Mac 的不相容與微軟 Office 結盟，表面上看都是市場形勢所迫，但這種雙贏策略，卻正是他們敢於面對現實的智慧體現。反思己身，不少企業內鬥不夠，還要到國際市場自相殘殺，相互壓價、惡意競爭，最終落個兩敗俱傷，這值得嗎？蘋果與微軟結盟並沒有抹殺自己的個性，反倒是蘋果的特立獨行使它在市場上穩居一方，難道不值得企業深思嗎？

相關連結之一：蘋果發展歷程簡述

1976 年 蘋果電腦成立
1977 年 Apple II 發布
1980 年 Apple III 發布，蘋果公司股票上市
1991 年 IBM 與蘋果結成聯盟；IBM 為蘋果開發 RISC 處理器
1995 年 蘋果開放授權，它牌製作的克隆版本 Mac 電腦上市
1996 年 蘋果 20 週年，二十週年紀念版 Macintosh 發布
1997 年 蘋果從克隆 Mac 製造商手中收回許可
1998 年 蘋果正式宣布重新營利
1998 年 IBM 發布 233MHz PowerPC G3 處理器
1998 年 iMac 上市
1999 年 新筆記型電腦 PowerBook G3 發布
1999 年 在紐約 Mac World 展覽會上推出 iBook
2000 年 推出 Mac OS X
2001 年 推出 Power G4 電腦
2001 年 發布 Mac OS X v10.1
2001 年 展示 iPod
2002 年 展示全新的 LCD iMac
2002 年 新 Power G4 發布
2003 年 Power Mac G5 發布
2007 年 第一代 iPhone 發布

相關連結之二：蘋果的來歷

關於「蘋果（Apple）」還頗有一番來歷。

西元 1974 年賈伯斯任職於一家遊戲公司，從事電腦遊戲的設計工作。兩年之後，21 歲的賈伯斯和 26 歲的沃茲尼克在賈伯斯家的車庫裡成立了蘋果電腦公司，剛過弱冠之年的賈伯斯從那時起便開始了他的夢想之旅。沃茲尼克在電腦方面較為精通，由他負責技術開發，賈伯斯負責生產和銷售。在公司草創時期，為了節約經費開支，賈伯斯招來了公司的第一批員工 —— 一群中學生，給予他們一定的指導，然後讓他們組裝電路板，幫助公司賺錢。

賈伯斯是個披頭四的樂迷，尤其對這個組合的蘋果唱片標記情有獨鍾；他又非常喜歡吃水果，在訪問印度時曾得過盲腸炎，一度靠吃蘋果維持生命，蘋果是他的吉祥物。他認為若把蘋果和電腦結合起來，不僅是吉祥的象徵，對公眾也會產生一種有趣的誘惑力和神祕的吸引力，於是乎，賈伯斯的電腦公司及其標誌 —— 一顆被咬了一口的蘋果就此誕生了。

賈伯斯的電腦生產出來之後，下一步便是把它推向市場，這之中包含了許多偶然的因素。西元 1976 年 7 月的一天，賈伯斯和沃茲尼克在史丹福大學的電腦俱樂部示範操作了他們的蘋果機，即 Apple I。當時有一個相當重要的人物在場，這個人後來成為蘋果的財神爺 —— 零售商保羅．特雷爾（Paul Terrell）。

這樣的絕好機會怎麼能逃過賈伯斯的法眼，他請特雷爾親自操作，自己在一邊滔滔不絕地介紹蘋果的獨特優點。特雷爾的臉上漸漸露出笑容，顯然已愛上這臺電腦。憑著多年經商的經驗和商人敏銳的眼光，他決定跟眼前這兩位年輕人合作，一次性訂購 50 臺蘋果電腦，要求一個月內交貨。賈伯斯二話不說，拍板成交，雙方立即簽訂合約，完成他人生中的第一筆「大生意」。

50 臺蘋果電腦在特雷爾手中很快銷售一空，蘋果名聲大振。Apple I 賣得出乎意料地好，令賈伯斯興奮不已。眼前的形勢讓賈伯斯和沃茲尼克深刻意識到蘋果發展最大的障礙就是規模小、缺乏資金。賈伯斯賣掉了他的汽車，沃茲尼克也貢獻了他最大的財產 —— 兩臺電腦，共籌得 1,300 美元的種子資金，他們製造產品賣給俱樂部的電子迷們。良好的銷售讓賈伯斯馬上意識到，他們的小資本根本不足以應付這急速的發展。

為此，他和沃茲尼克去找了惠普等大公司的老闆，希望他們能接受蘋果電腦原型，但這些公司對此未置可否。賈伯斯四處奔波，他的銷售天份得以充分發揮。賈伯斯還說服了幾家電子零件供應商以賒帳的方式提供零件，他甚至說服了律師和公關公司，以賒欠的方式提供服務，資金短缺的問題終於在賈伯斯三寸不爛之舌的強大攻擊下解決了。提供賒欠服務的公關公司總裁還為他找了好幾位風險投資家，從此，「蘋果」開始在市場上尋找生長的空間。

西元 1977 年 1 月，蘋果正式註冊成立。

第四章

重振雄風的藍色巨人 —— IBM

第四章　重振雄風的藍色巨人—IBM

有人把 IBM 比作一頭大象，這個比喻真是用得恰到好處。在全世界，IBM 長期穩坐電腦王國的第一把交椅，就像大象是陸地上最大的動物一樣，享有獨霸一方的地位。可是 1990 年代最初的幾年，IBM 的前進步伐也由矯健邁入了蹣跚，以前那隻翩翩起舞的大象似乎變得老態龍鍾，跳不動舞了，有媒體甚至將其描述為「一隻腳已經邁進了墳墓」的巨人。

由於競爭日趨激烈和內部管理趨於僵化，到 1993 年，一直雄踞世界 IT 產業霸主，人稱「藍色巨人」的 IBM 虧損竟高達 80 億美元。

這時，郭士納（Lou Gerstner）開始接掌帥印，力挽狂瀾。到 2002 年，IBM 又成為世界上最賺錢的公司之一，置身於《財富》雜誌全球 500 強企業排行榜的前十名。

郭士納憑什麼創造奇蹟？根本原因是在整頓改革中撼動了傳統的企業文化。郭士納說，他接手 IBM 面臨兩大敵人，一是競爭對手，二是 IBM 自身傳統的企業文化。為對付前者，郭士納力排眾議，阻止了解體 IBM 的主張，精簡機構，取消終身僱用制。員工由 40 萬人減到 24 萬人，工廠由 40 家減為 30 家，公司競爭力迅速增強。1994 年，郭氏上任第二年便轉虧為盈。

但郭士納更重視解決後者。他認為主要挑戰來自內部。IBM 始建於 1911 年。托馬斯 · 華森（Thomas J. Watson）父子先後任 CEO，主政近半個世紀。其間形成了很好的企業文化，如尊重、信任，堅持「為員工利益，為顧客利益，為股東利益」三信條。不過傳統企業文化中也累積了亟待剔除的東西，如妄自尊大、因循守舊、自我封閉，因而脫離客戶需求、對市場變化反應遲鈍等。郭士納選擇了他的突破點：一是轉換企業經營理念，由過去的「技術至上」轉變為「客戶至上」，要求公司圍繞客戶轉。郭士納親自調查客戶需求，並最大限度滿足客戶提出的要求。二是調整企業價值取向，以電腦服務業作為帶動全盤的龍頭，堅持「服務至上」。實踐結果，服務業成為 IBM 的「靈魂」。三是招賢納士，重用人才。為消除 IBM 的企業封閉性，他提出取消終身僱用制，唯才是舉，大膽聘用外界經理，仔細挑選年少有為的菁英擔任重要部門經理。至此，IBM 走上復興之路。

郭士納領導 IBM 進行了一場艱辛、漫長、卓有成效的變革，使 IBM 起死回生，讓大象重新跳舞。

死亡邊緣的「藍色巨人」

IBM 成立於西元 1914 年，全稱是 Intemational Business Machine Corporation，即國際商業機器公司，擁有雇員 30 多萬人，總資產在 2022 年是 1,320 億美元，在 2021 年全球 500 大公司排名 121 位。

從 1970 年代末開始，IBM 走進其發展過程中的低谷。公司的決策失誤導致銷售額急速下降，6 年內市占率下降了 14 個百分點，最大虧損達到 168 億美元。藍色巨人的一隻腳幾乎踏進了墳墓。1990 年代初，在全球經濟不景氣的向下週期中，IBM 又一次陷入嚴重的經濟困境。1993 年 1 月 19 日，IBM 宣布它在 1992 年遭受了高達 49.7 億美元之巨的損失，是當時美國歷史上最大的公司虧損。微軟總裁比爾蓋茲甚至斷言：「不出幾年，IBM 必然倒閉」。

一、企業精神的淪喪

IBM 創始人老華森的兒子小華森在西元 1937 年大學畢業後進入 IBM 公司，1952 年擔任 IBM CEO，1956 年擔任董事長。他在位其間所倡導的企業精神，其中最重要的因素就是敢於革新、拚搏和冒險。正是在這種精神的指引下，小華森打造出了藍色巨人 IBM，業績也超過了其父老華森。

企業精神是一個企業的強大支柱，是保持整個企業面貌的關鍵。以人來舉例，沒有精神支撐的人無異於一灘爛泥，這樣的人生痛苦、絕望、毫無意義，他必將於人們的嘲笑或憐憫中衰老、死去。企業也是如此。企業精神一旦崩潰、淪喪，企業必將陷入絕境。隨著 IBM 不斷擴張版圖，IBM 整體開始有了自豪的優越感，開始瞧不起人。小華森帶來的那種敢於革新、拚搏和冒險的精神逐漸喪失，取而代之的是盲目自大、故步自封。

西元 1971 年，小華森因病辭去董事長職務，58 歲的公司首席副總，畢業於哈佛大學的利爾森（T. Vincent Learson）成為 IBM 的新董事長。兩年之後，他帶頭制訂出最高主管的退休制度，並且在 18 個月任期後主動辭職，把公司權柄交給法蘭克·卡利（Frank T. Cary）。法蘭克·卡利是史丹福大學企業管理碩士出身，與 IBM 歷任董事長一樣，也不是科技出身。他在任內花了大量的時間應付美國司法部提出，致使 IBM 元氣大傷的反托拉斯訴訟。

隨著規模日益擴展，公司被內部官僚主義嚴重地束縛了手腳。在電腦方面，早期 IBM 的成功主要是得益於大型電腦，對於個人電腦市場的搶占並未引起公司高層領導的注意，他們堅持認為 IBM 的主要業務是大型電腦，對尚未成熟的個人電腦市場不必重視。面對 1970 年代初小型電腦開始崛起，IBM 因決策的失誤，無可奈何地看著戴爾電腦成為小型電腦霸主。由於公司的故步自封和不思進取，為對手創造絕佳的發展機會，也使自己失去了廣闊的發展空間。

第四章　重振雄風的藍色巨人—IBM

西元 1981 年，約翰．歐佩爾（John R. Opel）成為 IBM 的第五任 CEO。當年的 8 月分，IBM 在紐約宣布自己研發的個人電腦橫空出世，於是全世界各地的電子或電腦廠商爭相仿造 IBM PC 相容機，轉製個人電腦。IBM 在短期內取得了相當不菲的成績，一時之間，IBM PC 成了個人電腦的代名詞。但是，驕兵必敗，IBM 儘管已成為行業的龍頭，也沒有逃脫這個規律。約翰．歐佩爾沉溺在成功的巨大喜悅裡，他進一步強化了公司的「制度」，但這種作法促使小華森時期倡導的企業精神漸漸滑向保守、僵化和作繭自縛。

盲目自大帶來的惡果導致 IBM 一葉障目，看不到市場的方向，甚至出現非常荒唐的行為。比如，IBM 訂下這樣的規定：經理們在沒有一大群公司職員在場的情況下，不允許與記者談話。IBM 對媒體的報導時常不理不睬，而且不重視客戶的要求，脫離顧客。這些行為引起各界憤怒，廣大媒體漸漸疏遠 IBM，甚至討厭 IBM，顧客們也紛紛棄它而去。有些媒體別有用心地利用這一點，爭相報導它的負面消息，一夜之間 IBM 成為典型的負面教材，眾叛親離，最終導致了 IBM 陷入了前所未有的困難。

二、慘痛教訓 —— 桌面辦公設備「革命」

IBM 在改革中又經歷了一場慘痛的教訓 —— 桌面辦公設備的革命。在那場辦公設備的「革命」中，IBM 並沒有完全規劃好策略就倉促應戰，結果多年的基業幾乎全被夷為平地。公司內部人員對於自己的公司已經完全失去了信心，沒有人認為公司還能夠站起來。在如此窘迫的形勢下，IBM 的股票狂跌。當時接任執行總裁的約翰．艾克斯（John Akers）試圖力挽狂瀾，他將公司拆分成了 13 塊，分批出售，試圖從各處收回股本，力求保住半壁河山。

那時，其他大集團的 CEO 們，包括奇異公司（GE）的傑克．威爾許（John Francis "Jack" Welch），聯盟信號（Allied Signal）的勞倫斯．波斯蒂（Lawrence Bossidy），伊士曼柯達（Eastman Kodak）的喬治．費雪（george fisher）等都嘗試過要挽救 IBM，但終究於事無補，當時的情形可謂是「有心殺賊，無力回天」了。在 1993 年，IBM 終於宣布自己經營歷史上的第一次虧損。就連新上任的 CEO 兼董事長郭士納剛開始對 IBM 也不抱什麼希望，他說：「我彷彿看到它已被戴上了死神的光環，我想它是沒救了。」

在 IBM 公司，那場桌面辦公設備革命留下的創傷隨處可見。曾一度以終身僱用制聞名於世的 IBM，在那場風暴過後不得不裁減了將近半數的員工，西元 1986 年時有 40 萬人規模的巨人，然而到了 1994 年時只剩下 21.9 萬人。除此之外，IBM 還不得不報廢 200 多億美元的資產。這個領軍電腦業長達十幾年的業界巨象終於被錯誤的內部決策傷筋斷脈，要想恢復元氣恐怕已並非一件容易的事。IBM 的財務長理查．托曼（G. Richard Thoman）回憶說：「那時 IBM 內部的爭奪簡直比橄欖球賽還精彩。」

在那場失敗革命中建立起來要讓性能「壓倒一切」的完美主義理念，使新產品總是難以走出實驗室，更不用說推向市場了。失敗的「革命」使 IBM 的元氣大傷，逐漸失去了昔日的雄風。

三、一敗塗地的艾克斯

對於 IBM 大翻盤前的背景，我們不得不詳細介紹一下，對於這次大挫折的始作俑者 —— 約翰．艾克斯也有必要細說一番。

西元 1985 年，約翰．艾克斯接替歐佩爾擔任 IBM 的 CEO，次年，他成為公司第六任董事長。不幸的艾克斯在上任後的兩年內不僅業績平平，而且遇到了各種各樣的麻煩，其中最為煩心的是個人電腦的「盜版」問題。由於 IBM PC 的成功出世，市場上出現了大量的相仿或乾脆就是盜版產品。然而由於個人電腦一體化的特點和市場開放政策的保護，這些仿造者並不存在侵權行為。這種體制一方面將 IBM PC 送上了成功的巔峰，另一方面又為 IBM 增添了不少煩惱。幾年之後，被 IBM 扶植起來的廠商已經占領了 55% 的全球市場，超過了 IBM 公司本身。

西元 1987 年 4 月，艾克斯出人意料地走出一步「臭棋」，推出「微通道結構（Micro Channel architecture）」匯流排技術，這一技術使得新研製的 IBM PS/2 電腦不與原來的 ISA 匯流排相容。雖然 IBM 採用新的匯流排結構，能有效減少市場上個人電腦相容機的仿造現象，但是卻也使自己的 PS/2 難以被用戶接受。這樣的「變臉」結果使 IBM 公司蒙受了巨大的損失。由於相容性問題沒有處理好，相容機廠商便漸漸放棄尊崇 IBM 的老大地位，他們紛紛想自己作龍頭老大，跟 IBM 競爭。以康柏公司為首的九大相容機廠商，共同宣布仍然採用與原匯流排相容的新標準來提高電腦性能，這種作法極大地削弱了 IBM 的市場地位。如此一來，本來以 PC 開放策略大獲其利的「藍色巨人」，竟被自己用「絕技」關上了開放的大門。本來是防止外來的「危險」，卻因自己閉關自守而傷筋動骨，喪失產業盟主的地位。

在沉重的壓力面前，艾克斯顯得手足無措，他在慌亂之中匆忙進行了徒勞無功的「清理門戶」。在清理中，艾克斯的裁員不但沒有替公司減去多少負擔，反而弄得公司上下人心惶惶，嚴重影響了員工的積極性。西元 1986 年到 1992 年，他共裁員 8 萬多人，僅 1992 年裁掉的員工就超過萬數。由於裁員的範圍

之廣，人數之多，員工們惶惶不可終日，不知什麼時候公司的裁員會裁到自己頭上。為了避免遭受裁員的厄運，他們變得更加保守，更加循規蹈矩。不僅引起了管理者們極大的恐慌，也使整個公司管理更加失控。

在開發個人電腦方面，由於決策失誤，此時的 IBM 顯得相當被動。IBM 意識到個人電腦不可估量的發展潛力，卻沒能控制住個人電腦最有價值的兩個關鍵部分：中央處理器（CPU）和操作系統。最終，操作系統的專利控制權落在比爾蓋茲的微軟（Microsoft）手中，而中央處理器的專利控制權則落到英特爾公司（Intel）手中。

一系列的不如意使得 IBM 的狀況變得慘不忍睹：從西元 1986 年到 1992 年，IBM 的市占率大降。從 1990 年到 1993 年則連年虧損，連續虧損額達到 168 億美元，創下了美國企業經營史上第二高的虧損紀錄；公司股票狂跌到史無前例的每股 40 美元，是近 18 年來的最低點；IBM 的 PC 機被擠出國際市場前三名，大型電腦也大量積壓，無人問津。

1993 年 1 月，無計可施的艾克斯不得不向董事會遞交了辭呈。在歷任董事長中，生不逢時的艾克斯書寫了 IBM 經營史上空前的失敗篇章，親手造成世界電腦界藍色巨人的傷筋斷骨。

救星來了

艾克斯辭職之後，IBM 董事會就開始物色新的掌門人以扭轉頹勢。IBM 準備了豐厚的條件，希望吸引本行業最偉大的船長來為 IBM 掌舵，試探了美國幾位頂尖的執行長，他們雖然受寵若驚，但卻沒有一個人敢碰 IBM 董事長和執行長的位子。當時，有媒體戲稱 IBM 的 CEO 職位是「美國最艱鉅的工作之一。」

然而，此時倒有一位冒險家 —— 郭士納，毅然決定前往 IBM。他的到來，為奄奄一息的「藍色巨人」注入了一劑強心針。

1993 年 4 月 1 日，郭士納從艾克斯手中接過 IBM 權力之柄，擔任董事長兼 CEO。在紐約希爾頓飯店的新聞發布會上，人們對這位美國最大的 RJR 食品菸草公司（RJR Nabisco）前 CEO 充滿好奇。讓一位外行來執掌全球最大的電腦公司，這事還發生在極為官僚和保守的 IBM 內，實在是不可思議。郭士納貫穿整個發布會的主題就是：「我是新來的，別問我問題在哪，或有什麼問題可以解答，我不知道」。

一、精兵簡政

郭士納進入 IBM 後的第一個大動作就是精兵簡政。他說：「我們必須將自己的成本降到競爭對手的水準，只有這樣才能成為行業中最優秀的公司。我們不能再說『IBM 不裁員』了，我們的員工一定已經發現，所謂的不裁員只不過是一場騙局，也

是故意無視過去一年裡所發生的事情。」郭士納在 1993 年接任 IBM 的 CEO 時，為了保持 IBM 完整性，使 IBM 起死回生，果斷地裁員 3.5 萬人對財務止血。效果明顯，IBM 的股票在第二天就上漲了 3 美元多，來到 45.62 美元。歷史證明他的決策是正確的。

為配合精兵簡政的策略，郭士納要裁撤一切不能為公司帶來效益的東西，這充分體現了在企業經營困難時期須以盈利至上的思想。一些缺乏競爭力的成本結構、導致利潤下滑的低效率工作流程和不完整的策略，以及缺乏競爭力的產品，都被郭士納毫不留情裁掉。1993 年 12 月 13 日，郭士納宣布將 IBM 聯邦系統處等部門以 15.75 億美元的價格賣給勞諾；接著郭士納以 2 億美元的價格賣掉了位於曼哈頓市中心第 57 大街的 43 號摩天大樓。另外還以 4,800 萬美元的價格賣掉了 IBM 個人電腦的誕生地——位於佛羅里達州博卡拉頓（Boca Raton）556 英畝的園區。在 1993 年至 1997 年這四年裡，郭士納出售了總共 2,530 平方英呎曾用於生產、倉儲、辦公的土地。1999 年 9 月，郭士納又將沒有競爭優勢的網路設備部門關閉，只留下該部門某些可用技術，以保障自己與網路巨頭思科（Cisco）公司的合作。在此基礎上，思科公司買入了 IBM 在交換機和路由器技術方面的專利不少於 200 項。郭士納不僅甩掉了一個大包袱，而且利用了別人的優勢，使 IBM 前進的步伐更加輕盈、矯健。

二、力排眾議

郭士納來之前，為了挽救藍色巨人，IBM 前任 CEO 約翰．艾克斯做出了最無奈的選擇：把 IBM 分成多個小單位，讓它們各奔前程，換句話說，就是解散 IBM。郭士納上任後，迅速做出一個決定 —— 絕對不拆散 IBM。他說：「當所有的競爭對手都專心在一個領域裡面，你就要和別人不一樣，做和別人不一樣的事情。IBM 的優勢就在於大。我們要維持大公司的狀態，在這家公司裡面要有不同的產品、不同的服務，有硬體也有軟體，可以提供整合的方向。」

郭士納不僅不贊成拆散 IBM 公司，而且強調在現在的社會中，應該以全球視野看待公司，唯有全球性地運作，IBM 才有機會競爭。郭士納把客戶分成不同的行業，讓每個行業都有一個負責全球業務的經理。該經理主要負責他業務範圍內的全球銷售、客戶服務。

這樣可以看到不同國家人們的需求到底有哪些共同點、哪些不同之處，應該提供什麼樣的解決方案。某個國家的客戶有了問題，可以調動全球的資源來支持。「像我這種主管不屬於某一個行業和某一個產品，我的責任是把當地的所有 IBM 的隊伍都整合起來，提供整合的解決方案，向外面提供整合後的 IBM 形象。」郭士納這樣說。

這正是郭士納真正了解市場、真正了解 IBM 的優勢後，利

用這一優勢對公司做出的調整。客戶們也一致向郭士納表達了不要拆分 IBM 的願望，他們想讓 IBM 滿足他們在電腦方面的所有需求。郭士納看到了客戶對 IBM 的信賴，得到客戶的支持，鞏固他保下 IBM 的決心。

留住完整的 IBM 之後，1995 年 6 月 5 日，郭士納的大膽舉措把世界電腦巨頭們驚出一身冷汗：IBM 動用 35 億美元的鉅額資金強行收購蓮花（Lotus）軟體公司，郭士納看中的是蓮花公司極具發展力的網路軟體 Notes。對此，郭士納表示：「蓮花的 Notes 將是 IBM 發展策略的關鍵。」

在調查中得知，蓮花公司憑藉 Notes 掌控全球 34% 以上的企業網路市場，只要能夠將 Notes 收歸旗下，IBM 將會在最短的時間內，以最快的方式殺進世界網路市場，並在其中占得一席之地。到那時，世界再也不敢輕視這家正在轉型的老牌公司。日後的發展也表明，購併 Lotus 公司的確是一個一箭雙鵰的大膽創意：因為 Lotus 公司以著名的 1-2-3 電子表格程式軟體而聞名電腦界，軟體購併計畫存在極大風險。針對軟體，所購併的資產應是人，而不是具體的物。如果留不住關鍵人物，那麼這項兼併計畫將會落空，到時的損失會很巨大。

而當時 Lotus 公司的員工數量比 IBM 的員工還要多。IBM 透過網際網路快速、未過濾地將公司的觀點直接傳遞給 Lotus 公司的員工和股東們，幾天後雙方以 32 億美元的價格握手成交。在一個星期的時間內，IBM 就完成了 IT 產業歷史上最大的軟體購併計畫。幸運的是，IBM 得以保留住了原 Lotus 公司的所有員工，包括雷．奧奇（Ray Ozzie）這位開發 Notes 軟體的天才。

大約九個月後，在副總裁約翰．湯普森（John Thompson）的敦促下，IBM 購併德克薩斯州的 Tivoli 公司（Tivoli System）。至此，IBM 的軟體集團已經是世界上最強大的軟體公司，到 2001 年公司的年收入就已達到 130 億美元，僅次於微軟。

三、情報體系

為了提高公司在市場上的競爭力，郭士納決定改組公司的最高管理層，以求經營策略面的完整。為此，IBM 成立了中長期決策組織，也就是政策委員會和事業營運委員會。考慮到建立統一、正式的競爭情報系統有多重要，他提出了「立即加強對競爭對手的研究」，「建立公司內統一的競爭情報流通機制」，「將可操作的競爭情報運用於公司策略、市場企劃及銷售策略中」等一系列想法。

正所謂知己知彼，百戰不殆。在郭士納的倡議和支持下，IBM 公司啟動了建設完整競爭情報系統的計畫，並建立了由情報專家管理的運作中心，影響力遍及全公司。

該項計畫實施後，能夠即時、準確地判斷出 IBM 的競爭對手爭奪 IBM 公司客戶的企圖。在公平競爭的前提下，公司實施名為「競爭者導航行動」的競爭情報企劃，指派若干名高階經

理專門監視競爭對手的一舉一動，確保 IBM 始終掌握競爭對手的情報和經營策略，並在市場上採取相應的行動，從而建立完整競爭體系。

IBM 的情報體系還包括完整的訊息管理網路。監視競爭對手的情報人員，以及生產、開發、經營和銷售等職能部門的代表。這些人員共同構成了一個個獨立的競爭情報小組，負責管理整個計畫中相關的競爭情報分析工作。分布在整個公司的各個競爭情報工作組每天分析競爭對手，從 Lotus 公司買下的軟體 Notes 成為小組的線上討論資料庫，IBM 公司全球各地的經理和分析專家透過網路進入競爭情報資料庫，並作出新的競爭分析。除此之外，競爭情報小組還使用 IBM 公司的網際網路技術獲取外界訊息；利用 IBM 公司的內部局域網技術更新企業內部的訊息。

透過調整競爭情報作業要點，以及建立新的競爭情報體系，IBM 公司各部門的競爭情報力量得以有效集中，對付主要競爭對手，同時提供各種辦法增進競爭情報小組的協作能力，使原有的情報資源最佳化。採取這些措施後，公司適應市場變化和對抗競爭的能力增強，更能滿足全球市場上客戶們的需求，贏得了消費者的好評。競爭情報對 IBM 公司經營改善的作用也逐步顯現出來，據調查，在 1998 ～ 2000 年期間，競爭情報對整個公司業績增長的貢獻率分別為6%、8%和9%。後來，

IBM 公司在訊息技術行業中又重新獲得了領先地位，到 2001 年公司利潤總額達 80.93 億美元，股東權益為 194.33 億元，IBM 高速增長的商業利潤再次受到公眾的關注。

隨著這一體系的不斷完整，競爭情報也開始融入 IBM 公司的企業文化中，在經營過程中發揮越來越重要的作用。

四、全新理念

在郭士納上任之初，第一次去參加 IBM 高階主管會議時，他就表明態度：「我跟 IBM 公司別的總裁有一個不一樣的地方，就是我曾經是 IBM 的客戶，因此，我完全了解客戶及其需求；正因為我不懂技術，所以可以花更多時間，從客戶的角度來考慮客戶的事情。」

在郭士納的辦公室裡，掛著他最喜歡的作家約翰．勒卡雷（John le Carre）的一句話：「從書桌上瞭望世界是危險的。」他在 IBM 局域網的布告欄上張貼了一張只有四個詞的布告：It's the customer, stupid!（客戶才是最重要的，蠢材！）

注重顧客的訊息是郭士納管理的另一大成功技巧。看重顧客是郭士納與前任 CEO 大不同之處，也是他正確判斷形勢、做出決策的重要源泉。推銷員出身的郭士納非常善於與人溝通，他溝通的對象主要就是客戶。除了自己常常去拜訪客戶外，還讓那些平常「養尊處優」，習慣了坐辦公室的經理們也去拜訪客

戶。郭士納每兩個星期就要與經理們開一次會，會上他花大把時間去問那些經理這兩星期有沒有拜訪過客戶、拜訪過哪些客戶、聽到了什麼事情、客戶告訴了你什麼。透過這樣的手段，他可以在自己的時間之外更了解市場新的需求、聽到 IBM 做得不是很完善的地方。

為了與客戶更接近，郭士納也在曼哈頓設了一個辦公室。他告訴手下的經理們，與客戶會面是他最重要的工作。公司發展到一定規模後，郭士納沒有足夠的時間，也不可能隨便拜訪客戶了，他還是堅持每週與幾位關鍵客戶以打電話的方式溝通。他要用自己的行動證明，IBM 真的把客戶放在第一位。

他對 IBM 全球 350 個高級主管說：「對位處全球 500 大的客戶，要成為其中至少一個客戶的夥伴。這是因為你在 IBM ！與客戶建立長期關係，並定期地去拜訪客戶最高主管；還要指導銷售團隊，盡可能地幫助他們。」從客戶需求出發，了解顧客的真正需要，然後對症下藥，這樣才能使公司永遠緊跟市場和時代的潮流。郭士納早在 1996 年就率先舉起了電子商務的大旗，這主要得益於從客戶身上得到的靈感。

只有滿足客戶的需求才有可能留住客戶。郭士納深知，隨著市場競爭的日益激烈化，客戶別無選擇的時代已經過去了。如今的客戶變得更聰明，更老練，更苛刻。唯一不變的就是他們的需求，他們需要有人來幫助他們解決大大小小的業務問題，只要有需求就有市場。

1996 年 11 月 15 日，IBM 股票升到 145 美元，達到了 9 年來的最高點。藍色巨人再次發威。郭士納「妙手回春」的祕訣既不是重大的技術突破，也不是從價格上狠宰一刀，而是在正確的領導下找回過去取勝的最基本概念：與顧客之間的密切聯繫。

五、業績考核

無數企業成功的經驗表明，唯有設立合理的績效評估系統，用以激勵員工的士氣和上進心，才能既留住舊人才又吸引新人才。基於此，郭士納上臺後就為 IBM 制定了一套全新的績效考核制度。新制度要求，在考核員工及主管時，一定要同時考慮三個方面的內容：第一是業績，戰勝競爭對手，這是企業存在的基礎和前提。第二是執行，必須說到做到，勝利既是自己努力的結果，也是對手成全的結果，有時業績得憑運氣，另外檢核執行面才能看出實力。第三是團隊合作，就是和別的員工配合，與別的部門協作。郭士納一再強調，像 IBM 這麼大的公司，成功的唯一辦法是各部門的人緊密合作，當初之所以決定不把 IBM 分成 13 家，就是因為客戶需要整個 IBM。市場形勢需要 IBM 的人同心合作把事情做好。

為了讓遍布於全球的 IBM 部門都能超越空間的隔閡，同心同力，郭士納削減了全球各分公司總經理的行事自主權，然後聲明這些總經理未來津貼的發放將視企業全體表現，而不是看分公司自身的表現發放。這些外界看來頗為「跋扈」的管理措

施，卻在無形中營造出 IBM「命運共同體」的團結心。郭士納每去一個地方都要特地安排一個小時與所有員工見面，宣傳公司下一步發展的方向，然後留下 45 分鐘讓員工舉手問他問題，不管是什麼問題員工都可以問。郭士納還改革 IBM 的薪酬制度，改革重點是更加厚待那些表現優異的個人和團體，而且把員工的報酬與公司的業績連繫在一起。

郭士納上任之後親自撰寫給全球 IBM 員工的內部公告。例如，如果今天美國總部宣布了公司的全球業績，第二天早上全球二十幾萬員工在他們的電子信箱裡都會收到總裁的詳細報告，包括 IBM 上季成就、未來需要努力的方向、如何對媒體公布等。有一次，當郭士納赴 IBM 歐洲分公司視察時，驚訝地發現當地員工從來沒收到過他寄的電子郵件，原因是歐洲分公司主管以「不適合讓員工得知」為由將郵件全數攔下。郭士納得知後，立刻怒斥這位主管：「你沒有員工，只有 IBM 有！」不久，這位主管便黯然下臺。從此，郭士納的所有指示與電子郵件，IBM 全球各企業分部從上到下誰也不敢再有遺漏。

在郭士納的領導下，IBM 的員工們的心態變化極大。他們更加努力積極地工作，盡可能快速高效地完成任務。他們知道，以前自己不必操心公司經營的時代已經過去了，他們必須為自己今後的生存而奮鬥，不能有一絲的懈怠，在他們身後正有一雙銳利的眼睛在盯著他們，那就是競爭。

六、企業文化

文化轉型

托馬斯父子打造了舉世無雙的公司，同時也建立了當時被視為 IBM 驕傲的企業文化。藍色巨人的企業文化幾乎全方位影響著員工生活，從他們的著裝，到他們的思考方式，無一不在企業文化的規定之內，可謂是無所不包。面面俱到的教條式企業文化，在當時的時代背景下發揮正面影響，從表面上看來，使公司的一切變得條理分明、井然有序，但是實際上，它最終導致了 IBM 體制的死板和僵化。其最大的惡果就是讓 IBM 整體失去前進的動力，變得保守、不思進取。

IBM 公司文化的變更是郭士納改革成功的重要環節。在他理想的企業模型中，企業文化應該而且必須是在最頂端，因為企業文化不僅展現企業價值觀，更是公司所有員工的行動準則。企業文化不是空話，必須貫穿於主管以及一般員工的一言一行之中，貫穿於面對危機時的應對行動之中，貫穿於上下關係處理之中，貫穿於對新舊員工的培訓之中，也更應該貫穿於對客戶的服務工作之中。唯有如此，一個公司才有發展的動力，管理階級和員工才能奔向共同目標。

郭士納將 IBM 長達 80 年（西元 1914 年～ 1993 年）文化的「精髓」總結出兩點：第一，IBM 有建立在人性基礎上強大

的科技創造力。創造力是事物前進的動力，在科技時代，創造力不僅可以改變一個企業的命運，甚至在不知不覺中也改變了人類自己的命運。第二，IBM 眼前的困境和失敗只不過是由於過於自滿喪失方向，而從科技領先的榜樣衰落為嚴重官僚主義的「各自為戰」，從而削弱了戰鬥力，並不是喪失了戰鬥力。

基於以上兩點，郭士納的文化轉型策略就有了中心要旨 —— 不說空話，從營運入手，一個蘿蔔一個坑地腳踏實地重構，然後再從公司的願景與策略入手，重新讓藍色巨人煥發活力。

運用管理學的專業術語來解釋，郭士納的轉型策略可以分為兩部分，第一部分是業務轉型，第二部分是策略轉型。在第一部分的業務轉型中，郭士納帶領 IBM 從業務上做出重大突破 —— 將研發、保固等服務作為業務增長方向，並在很短的時間內，使之成為 IBM 的利潤之源，專門為 IBM 提供利潤。1994 年 IBM 從研發服務獲得的收入為 97.1 億美元，1995 年就達到 127.1 億美元，成為收入的第二大來源。到 2001 年，研發服務收入已達到 349 億美元，占總收入的 42%，第一次超過硬體收入，成為 IBM 的第一收入來源。

在第二部分的策略轉型中，郭士納的方案是，創造價值的關鍵點在於向客戶提供可行的解決方案，至於用戶如何用設備去創造更高的商業價值、如何使用這種解決方案，還得根據客戶需求而改變，而不僅僅提供技術本身。郭士納的這一主張具有劃時代的意義，光靠技術是不行的，「只提供技術」的產品優勢並不等於真正能獲得客戶價值！

郭士納徹底改變了 IMB 公司的行事風格，在他看來 IBM 需要的不能只局限在諸如和諧的氣氛這樣的大公司派頭，必須站在客戶角度為客戶提供自己所能做到的全方位服務。「我要訂單、我要收益、我要客戶」，郭士納的吶喊打破了 IBM 很多傳統的做法。對於技術部門，他說：「IBM 過去在封閉和孤立的舞臺上扮演過角色，今天，只有傻瓜才會這樣幹。」他下令取消過去公司要求員工統一穿著藍色西裝的限制，使公司形象多彩化。企業文化轉型使「藍色巨人」一改過去的單色調，呈現出繽紛的色彩，不再允許老態龍鍾的慢節奏出現。

企業重組

企業重組不是簡單的機構和資產重組。IBM 的經驗告訴我們，在進行任何認真的、有意義的公司重組之前，都必須徹底評估所做的每一件事乃至企業的例行公事，這是重組企業的前提。在 IBM 的重組過程中，郭士納提出必須看準重點，集中力量。所謂集中力量指的是：根據事實清楚定位具有優勢和領導權的市場。要十分清楚企業應該在哪裡集中資源，在哪裡投資，以及從哪裡退出。當然，這需要有將市場進行合理劃分的

全面能力，而要具備這項能力，就需要完善的情報系統，如情報蒐集、情報分析等必不可少。

郭士納來到 IBM 後的第一刀就是為虛高的成本放血。他說：「我認為一家企業如果沒有最佳化成本營運結構，不會成為成功的全球性企業。」IBM 對此進行了品質、運作週期和速度的分析。「運作週期對我們來說是成功的開始。而事實上，企業對速度的追求比過去 30 年來任何一刻都更迫切。當我們的業務部門匯報當季和當月經營業績時，我們也要求他們匯報在運作週期和效率上的進展。這種重組永無止境，而且要求公司的核心運作不斷進行重組。」

與此同時，IBM 還進行了深入廣泛的業務重組，但與其他公司不同的是，就一般而言，許多公司可能會同時進行一到兩個大型業務重組計畫，但這都可以說是小修小補，而 IBM 不能被小修小補滿足。不管什麼時候，全公司都會有超過 60 個企劃同時實施，而分公司或部門級的重組則可能有成百上千個。由此可見這是一次徹頭徹尾的重組，就連該公司內部的情資管理也未能例外，原因是郭士納準備以覆蓋全球的統一資料庫，以及統一的行銷系統、財務系統、合約執行系統、製造系統和客戶服務系統、集中管理的數據中心防止過度和重複開支。

重組情資系統不單單使 IBM 降低了成本，在郭士納看來，重組的主要目的是把業務管理線上化。每天網路銷售額達到數百萬美元，客戶可以隨時訪問 IBM 的網站，以及與其他大客戶和業務夥伴所建立的外部網站，查詢 IBM 的產品目錄。

重組大手術之後，IBM 至少將營運成本節約了 80 億美元，同時內部的通訊費用也下降了 47%。更可喜的是還取得了以下成果：新硬體的開發時長由以前的 4 年下降到後來的平均 16 個月，部分產品的開發居然只需要 6 個月；準時出貨率由 70% 提高到 95%；存貨費用減少了 22 億美元，庫存積壓貨品報廢費用減少了 8 億美元；材料費用降低了近 3 億美元；出貨費用降低了 2.7 億美元；客戶滿意度大幅度提高。

經過一系列大刀闊斧的改革之後，到 1994 年，IBM 公司營利高達 30 億美元。初步扭轉虧損局面後，郭士納把發展目標定位於迅速發展的網際網路。1995 年，郭士納首次提出「以網路為中心的電腦時代」，他認為網路時代是 IBM 重新崛起的最好契機。

郭士納終於成功地挽救了瀕臨絕境的 IBM。IBM 目前仍然保持著擁有全世界最多專利的地位，自 1993 年起，IBM 連續十幾年出現在全美專利註冊排行榜的榜首位置。到 2002 年，IBM 的研發人員共累積榮獲專利 22,358 項，這一記錄史無前例，遠遠超過 IT 界排名前十大的美國 IT 企業所取得的專利總和，這幾家 IT 強手包括：惠普、英特爾、微軟、戴爾等。

結論

郭士納上臺後，經過一系列大刀闊斧的改革，將 IBM 從死亡的邊緣拉了回來，演繹了商界傳奇，食品大王變成電腦大亨。

受命於危難之際的郭士納重新定位 IBM 的策略，重塑企業文化與價值觀念，調整組織結構與領導團隊，重振品牌，重新制定績效管理制度……在任的 9 年中，他把 IBM 這個龐然大物從內到外做了一番徹底的改造。變革的過程對於每一個人來說都異常痛苦，對此郭士納曾經有過一段精彩的表述：「如果你不喜歡痛苦，唯一的方法就是把痛苦轉嫁給你的競爭對手。他們就是搶奪你的市場的人，是搶走你股東權益的人，使你無力供養你的子孫上大學的人。所以，唯一的解決之道就是將你的痛苦轉嫁給這些競爭對手，並使自己重獲成功。」

有人評價，郭士納兩個最突出的貢獻是：一、保持住 IBM 這頭企業巨象的完整；二、讓 IBM 公司成功地從單純生產硬體轉為以研發為主的企業，成為世上最大一間不造電腦的電腦公司。

郭士納一系列大刀闊斧的改革，令 IBM 神奇地起死回生。到目前為止，IBM 公司仍然是世界最大的電腦、辦公設備企業；在全球「利潤最多的公司」前 50 名排行榜中，IBM 位列第 31 位。為了不再受制於人，IBM 公司今後的總目標是使公司成為全面提供網路系統硬體、軟體、網路系統服務等全方位服務的國際超級網路產品公司。

IBM 大翻盤給我們企業的啟示是：有個傳統框架一直束縛著企業管理界——「外行不能領導內行」。長期以來，專業知識都是作為選用 CEO 不可忽視的重要標準。以過去 IBM 選 CEO 的標準為例，是否從事過電腦工作就曾是個不可動搖的標準。郭士納其他條件都符合，甚至無可挑剔，但只有這一條不符合——他完全不懂電腦。IBM 在拋開這一條規則後，他們才得到了郭士納。其實，技術專家能否就能帶領企業，這並沒有定論。

專業技術與管理技術其實是兩回事。管理一家企業重要的不是專業知識，而是管理才能，尤其是企業家的悟性。專家治國未見其有效，專家治企業也一樣。而且，專業知識太多、太細，頭腦反而可能會僵化，容易被一些技術細節困擾，而不能有所突破。管理更是一門藝術，需要不斷創新，外行有時反而能先看出問題，獨闢蹊徑。當 IBM 的專家們迷戀於技術時，不就是郭士納看出了 IBM 公司在治理結構和經營策略上的問題。專家捨不得放棄電腦技術的開發，只有郭士納這樣的外行才捨得丟掉專家們所鍾情的硬體生產，開闢一個新的服務領域。

相關連結：IBM大事剪輯

1914 年 藍色巨人 IBM 誕生。

1956 年 小華森接任 IBM CEO。

1962 年 IBM 銷售額已在全美最大的工業企業中排名第 18 位。

1964 年 IBM 發布 System 360。

1971 年 利爾森接任 IBM 董事長職位。

1973 年 法蘭克．卡利接任 IBM 董事長。

1981 年 約翰．歐佩爾正式接任 IBM 第五任董事長。

1981 年 IBM 發布第一臺 PC，掀開個人電腦新紀元。

1985 年 約翰．艾克斯接替歐佩爾擔任 IBM 總裁。

1993 年 IBM 公告史上第一次虧損。

1993 年 郭士納擔任 IBM 的 CEO 兼董事長。

1994 年 自 1990 以來，IBM 公告第一次營利。

1995 年 IBM 宣布鉅資購併 Lotus 軟體公司。

1995 年 IBM 宣布發表網際網路計畫，加強網際網路進入力度。

2003 年 薩姆．帕米薩諾兼任 IBM 主席，郭士納年底退休。

2005 年 聯想收購 IBM 全球個人電腦。

2005 年 IBM 以 911.34 億美元的營業收入在世界 500 大中排行第 29 位，而此時其資產已達 1,057.48 億美元。

第五章

愈戰愈勇的食品巨人——雀巢

一提起雀巢，許多人馬上想起咖啡，但其實響滿全球的雀巢公司 Nestle 有 3,000 多種產品，主要以食品、飲料為主，兼營化妝品、藥品，並開設旅館。雀巢公司總部設在瑞士的沃韋（Vevey），銷售市場遍及全世界，其中礦泉水、糖果、冷凍食品、煉乳、嬰兒食品、即溶咖啡的生產和銷售一直居於世界領先地位。在 2021 年的世界 500 大中，雀巢排名第 79 位。

在雀巢公司近 130 年的歷史中，遇到過數次挫折：債務負擔曾險些把它壓垮，石油危機曾令它停滯不前，媒體詰難差一點使它斷送了嬰兒乳品的前程……但在經歷每一次風暴和坎坷之後，雀巢總是能吸取經驗教訓，及時調整經營策略。挫折不僅沒能壓垮雀巢，反而使它更加強大了。雀巢的經歷說明，危機和失誤對於每一個企業都是不可避免的，能夠克服危機，擺脫困境，反敗為勝的企業才能充滿無限的活力，才能永久立於不敗之地。

樹大招風，雀巢遭難

「許多公司很性感，像是 20 歲的女人，每個人都想認識她們。雀巢不是那樣，也不想那樣。我們就像是 40 歲的男人，很強壯結實，輕輕鬆鬆就能跑上十英里路！」這是雀巢公司的前 CEO 彼得．布拉貝克（Peter Brabeck-Letmathe）對公司的定位。

在謹慎邁步於市場的平衡木之上時，每一個企業都難免會遇到來自市場之外的橫風。就連善於摸準市場脈動、握穩財務槓桿的雀巢也沒想到，不斷壯大的自身竟然應了樹大招風這句老話。在市場競爭的浪潮中，由於經營管理不善，也由於諸多外部因素，雀巢公司曾有過漫長的十年抵制期，經歷了銷售萎縮，是生命中的低潮……

一、十年抵制期

1970 年代，最初由民間的慈善和宗教等團體發起，一場抵制雀巢產品的世界性運動爆發了。抵制最激烈的是美國市場。祭起這場抵制運動的大旗，是為反對雀巢等公司在開發中國家傾銷嬰兒牛奶，以保障當地人母乳餵養不受干擾。雖然發起者並沒有直接否認雀巢食品的營養作用，但卻提出如下說法：「據統計資料表明，只有 2% 的母親由於生理原因不能哺育，只有不到 60% 的母親是因為不在家而不能哺育。這些食品公司為了商業的利益，單方面宣傳其產品可以替代母乳，而開發中國家由於相信了這些宣傳，每年至少有 1,000 萬嬰兒因非母乳餵養而引發營養不良、疾病或死亡。」

媒體的公開發難始於西元 1973 年 8 月，英國的《新國際主義者（New Internationalist）》發表了一份題為〈嬰兒食品的悲劇〉的報告，指責以雀巢公司為代表的世界食品工業界如何以卑鄙手段在開發中國家兜售嬰兒食品，號召人們對嬰兒食品不道德的廣告進行抵制，報導一出，輿論譁然。這份報告並沒有引起雀巢足夠的重視，也沒有使他們採取危機應對措施，只是在經過研究後邀請了英國自由撰稿人到沃韋做調查，以期發表反駁文章。西元 1974 年，英國一個名為「對抗貧窮」（War on Want）的行動組織發表了題為〈嬰兒殺手〉的文章，其內容主要談及了第三世界國家中嬰兒缺乏營養，以及嬰兒食品廣告的片面性，進一步「揭露」雀巢公司為了利潤不擇手段誇大其作用。自此各地對雀巢的不利報導滾滾而來，幾乎世界的輿論全部站在了對雀巢不利的一面。

對於這個危險信號，雀巢公司不但自我警惕不足，反而仗著財大氣粗將新聞媒體告上法庭，以為這樣「以石擊卵」就可以輕易取勝。不料此舉反而使自己走進公關死路。雖然法庭最後宣判雀巢公司勝訴，但同時也要求雀巢檢討自己的行銷活動。更為重要的是，對這種恃強凌弱的行為，公眾不僅對媒體寄予深深的同情，而且出於反抗心理開始和雀巢作對：〈嬰兒殺手〉一文頓時炙手可熱，有人還刻意在雀巢產品出現的地方擺放刊有此文的手冊，一時間斥責之聲不絕於耳。更糟糕的是，國際上也成立如嬰兒食品行動聯盟（Infant Formula Action Coalition）等民間組織，並在美國掀起成千上萬人參加的抵制雀巢運動，而且迅速輻射到全世界。有的國家甚至特別頒布禁令，抵制所有雀巢產品。

雀巢公司遲至此時才開始覺醒，雖然意識到自己與公眾作對實在是搬起石頭砸自己的腳，對讓銷售人員著裝為「牛奶護士」上門推銷等行為也有所收斂，但畢竟為時已晚。反對組織不斷地將雀巢公司違反世界衛生組織規定等醜聞公之於眾，雀巢公司一時間成為眾矢之的。

西元 1975 年，國際嬰兒食品工業委員會（ICIFI）成立，各國大型食品業者如多美滋、明治、雀巢、雪花乳業等都參加了這一組織。國際嬰兒食品工業委員會制訂了一份道德規範，想以此表明自己的自律、不忘初衷。然而第二年，聯合國蛋白質卡路里指導小組指出，國際嬰兒食品委員會制訂的道德規範中有很多規則還遠遠不夠保護消費者正當的合法權益。1977 年，在美國嬰兒乳製品行動聯合會的倡導下，美國也開始了抵制雀巢產品的活動。1978 年，教務評議會、國家工會組織和加利福尼亞兒科護士聯合會等共同表示支持抵制活動。

為此，世界衛生組織於西元 1981 年制訂了一項嚴格的規定，不允許嬰兒食品與副食品打廣告、做行銷。歐盟議會也決定要求歐盟成員國嚴格執行此項規定。由於行銷宣傳手段缺乏改變，而原有的做法又被禁止，雀巢的銷售額連年下滑。

值得慶幸的是，雀巢公司終於悟到在新形勢下必須與新聞界合作重塑公司形象，成立了由醫學、衛生、民間團體共同參加的專門監督小組，才重新取得了公眾的信任。反對的聲音開始減弱，西元 1983 年起，延續了 10 年的抵制運動逐漸平息，並於 1984 年 10 月各國相繼結束了對雀巢產品的禁令。

這一次漫長的抵制活動為雀巢公司帶來巨大損失，但是也從另一方面說明了任何企業都不能輕視公眾的輿論，更不能仗「財」欺人。不僅如此，雀巢還從這次挫折中學會對待媒體和社會各界的批評時應有的態度與應採取的方法，以求進一步預防危機以分散風險。

二、屋漏更逢連陰雨

從西元 1975 年到 1980 年，這 5 年是全球經濟惡化期，美國的情況尤為嚴重。在這 5 年的時間裡，工業國家不得不與通貨膨脹搏鬥，開發中國家則面臨著嚴重的貨幣貶值，尤其是東南亞經濟危機，至今還讓人們留下深刻的印象。由於美元與黃金的價格脫鉤，匯率因此不再穩定，幾乎所有幣種相對於瑞士法郎都出現不同程度貶值，引起出口衰退。

除了糟糕透頂的貨幣環境之外，更令雀巢煩心的是，兩種對於雀巢至關重要的原料價格正在飆升：咖啡豆的價格比以往上漲了 3 倍，可可的價格也增長了兩倍。外部環境的惡劣，加上原料價格的飛速上漲，使得雀巢公司雪上加霜，雀巢的銷售增長率開始漸漸下滑。西元 1975 年，雀巢的銷售額為 182.86 億瑞士法郎，然而到了 1979 年，僅增加到 216.39 億瑞士法郎。要知道，這麼點營業增長率對於雀巢這種龐大的跨國企業來說，根本就是杯水車薪、入不敷出，它每天需要支出的金額幾乎占了收入的四分之三以上，有時更多。

更何況 1970 年代下半期的雀巢依然沒有從各種問題中跳出來，依然是百病纏身。工業國家發展速度減緩、經濟形勢惡化，使得市場競爭更趨白熱化，這些都毫無疑問地打擊著雀巢，影響著它的盈利。1980 年，雀巢在阿根廷的子公司突然嚴重虧損，使得整個雀巢的總利潤從上年平均的 3.7% 下降到 2.8%，打擊相當沉重。

三、船遲偏遭頂頭風

在 1980 年代，有些西方國家出現一系列反對大型企業的抗議活動。隨著抗議聲浪興起，著名品牌首當其衝。這些抗議活動，主要宗旨是對商業社會高消費的厭惡，但同時參與者又為了低價商品而欣喜。其實它只不過是某些人圖求非法利益的幌子。

抗議運動的支持者在思想和行為之間的差距，表現了這場運動自身的荒謬。他們一邊吃著名牌冰淇淋，一邊大罵高檔品牌引起的揮霍；一邊大口大口地嚼著漢堡，一邊談論著世界飢餓問題……一名記者嚴厲斥責跨國公司為自己的品牌支付鉅額廣告費，卻不肯在慈善事業上多捐助一些錢款，然而，如果沒有名牌的存在，缺少它們的廣告支出，雜誌社、報社和電視臺又怎麼能生存下去？作為記者的他自己又靠什麼生存？

第五章　愈戰愈勇的食品巨人—雀巢

雀巢公司作為食品加工業數一數二的跨國公司，評論者的矛頭自然早早就對準了它。批評者對雀巢的批評主要有三個理由。首先，雀巢是一家跨國企業，而全球化則意味著誰都無法獨霸經濟，而且國家政府出於利益需要，對他們處於束手無策的境地。其次，雀巢生產的是加工食品，這種產品對於消費者來說是有百害而無一利的。與加工食品相比，人們更應該選擇天然的食品。最後，雀巢違背了現行的法律，而且雀巢與當時的社會倫理道德、社會政治的基本準則背道而馳，尤其是關於嬰幼兒的健康問題。這其實是 1970、1980 年代發生的「抵制雀巢產品運動」的延續。

在英國，有一個自發建立的團體叫 McSpotlight，專門致力於反對麥當勞和其他跨國企業。為達此目的，它在網路上收集並傳播了不少關於這方面的訊息。在指責雀巢公司方面，指明了雀巢的罪證是「支持暴政」，其具體內容是，因為雀巢在印度、巴西、埃及、瓜地馬拉、哥倫比亞、薩爾瓦多、印度尼西亞、黎巴嫩、巴布亞新幾內亞、菲律賓、斯里蘭卡、南非、肯亞等國家都設有分公司，而上述有些國家的政權是「暴政」。批評家指責雀巢與那些不尊重人權的國家合作，侵犯《人權法》。

此外，這些批評家還指責雀巢西元 1989 年解僱巴西卡卡帕瓦（Cacapava）工廠的 40 名罷工員工。還有雀巢把 15 噸被放射性物質汙染的奶粉從波蘭運到了斯里蘭卡，而不是運回產地銷毀。

對於這些飛來的橫禍，雀巢公司雖然做出了相應的反應，但畢竟其間有部份事實被興風作浪者利用。無論是真是假，在這個媒體引導輿論滿天飛的世界裡，其負面的影響有多巨大是可想而知的。

在多重打擊之下雀巢聲譽受到極大影響，公司內部也亂了陣腳，逐漸力不從心，衰落了下去。

浴火重生雀巢翻盤

災難之中的雀巢經歷了從天堂到地獄，嘗遍了世間冷暖的滋味。然而，雀巢在其百年的發展歷程中經歷風風雨雨，使它早已練就了一副鋼筋鐵骨。在一次一次的危機和劫難中，雀巢一向都挺得住，而且愈戰愈勇。雀巢就像一個堅強的勇士一樣，它可以被打倒，但絕不會被打敗。隨著公司新任負責人上臺之後對雀巢進行的一番改革，加上雀巢公司的企業文化本身不屈不撓的精神和豐厚的底子，在市場浪潮中它很快翻盤而起，仍然保持世界食品加工行業龍頭的地位。

一、漢穆．茂赫的改革

為了應對種種危機，重振雀巢聲譽，雀巢董事會決定採取換血的方法，將漢穆．茂赫（Helmut Maucher）推上執行長的大位。西元 1981 年漢穆．茂赫欣然上任，毅然挑起了這副重擔。在吃過媒體引導的虧之後，漢穆．茂赫意識到了媒體的強大的殺傷力和影響力，他說：「傳播媒體對一家公司形象的影響非常重要，不只會影響消費者和公司外面的人，也會影響到公司裡的員工。報紙上有我的報導時，看到報導的員工恐怕比平常讀內部公告的人還多。」

從一次又一次將嬰兒副食品銷售到第三世界的相關討論裡，雀巢認識到，當媒體報導一件事情時，媒體本身的意見常常遠比事實要重要得多，而且媒體評論總有漸漸變成事實的趨勢。當媒體本身也在商業利益的考慮下急於爭取市場關注率時，社會就必須要忍受它們追根究底的報導和「從鑰匙孔裡偷窺一切」的嗜好。

無論如何，這樣的趨勢迫使企業必須採取完全配合的態度來適應，而不是玩弄障眼法，將真相隱藏。因為這樣做的結果還會造成新的不信任感，不利於這家公司的報導就會有增無減。他感嘆道，「與媒體合作是每個企業都應注意的一件大事。」

漢穆．茂赫分析眼前形勢之後，接下來便在公司內部進行了一場意義重大的改革。他的改革既沒有雷厲風行的氣勢，也沒有力挽狂瀾的魄力，似乎一切都進行得不疾不徐。他所追求的不是公司的近期利益，而是把眼光放在了公司長遠的發展上。從他上任的那天起，到西元 1983 年起的兩年多時間裡，他靜下心來細細雕琢內部結構和管理。

首先，為了減少開支、減輕公司的負擔，他採取了以下措施：在全球範圍內裁員 10%，這通常是最直接有效的方法，裁員本身就能減輕公司的負擔，更重要的是使員工內部加強競爭，提高他們的危機意識；暫時減少公司對外界的併購，雖然併購一向是雀巢公司致富的重要手段之一，然而此一時彼一時，危急關頭只能先穩住陣腳，才能向外發展；裁處那些不賺錢的生產線以及負債累累的分公司，同時壓縮固定資產投資；壓縮貸款以減少利息付出，西元 1980 年公司付出的利息占營業額的 2.5%，到 1984 年只占 0.2%。

其次，對公司的管理層進行小小的整頓。面對危機，他先鼓勵各部門主管要充滿信心，帶領自己手下的員工努力工作。同時對於他們的工作提出了一些要求：管理者一定要克服教條化，管理要靈活，切忌呆板。

最後，加大科學研究開發的資金投入，大力支持管理培訓。

漢穆．茂赫的一番改革確實取得了不菲的成績，利潤的增長就是最好的證明。西元 1983 年，雀巢的利潤是 12.61 億瑞士法郎，與 1980 年相比差不多翻了一倍，銷售額的比重也上升到了 4.5%。這得益於這兩年打下的基礎，使公司的財務有了可靠的保障，於是在 1984 年到 1985 年期間，雀巢又在美國市場上演了一連串令人眼花繚亂的併購大戲，並創造了一項在食品工業界長期保持的最高併購記錄 —— 斥資 30 億美元收購美國三花食品公司（Carnation）。

二、開發「殖民地」

在雀巢漸漸恢復元氣之後，漢穆．茂赫開始了更大規模的向外進攻。

首先是增加新品項，開闢新市場。為解決眾口難調的問題，雀巢公司推出了適合於不同人群口味的多種咖啡品項。雀巢早在西元 1938 年就發明了即溶咖啡，是最早開發即溶咖啡的公司，已擁有 50 多年生產即溶咖啡的經驗及先進科學技術，銷售即溶咖啡的利潤占公司總利潤的四分之一。於是，雀巢相繼研製專為特殊口味的人製作的金牌咖啡、為嗜好厚重口味者製作的特濃即溶咖啡、為不習慣咖啡苦澀者製作的「咖啡伴侶」（用玉米糖漿、植物油、乳脂製成），還有低咖啡因咖啡等等。在各地就地設廠直接銷售，這種就地設廠直接銷售的辦法是雀巢行銷策略成功的重要原因之一。雀巢在世界各地有 4 個實驗室，每年都投資 5 千萬美元研究分析咖啡顏色、味道、品種。

其次，開發冷凍食品。漢穆．茂赫認為，在單身上班族和雙薪家庭日益增多的時刻，冷凍食品將是下一個前景看好的市場。在法國，雀巢公司聘請了烹飪大師米蓋爾．蓋拉德（Michel Guérard）任其廣受歡迎的「芬達斯（Findus）」系列冷凍食品的總監。在英國，雀巢用較昂貴精緻的「列克興（La Cocinera）」牌冷凍食品代替了那些粗糙的冷凍食品。「列克興」先是在美國打開了銷路，占領了美國 30% 的冷凍市場。而它在進軍英國時則連年虧損，不過它最終還是在英國站穩了腳跟，西元 1988 年已占領了英國 33% 的冷凍食品市場。

第三，併購海外同行。有人說，雀巢公司的歷史本身就是一部企業合併史，這話一點也不過分。西元 1905 年合併盎格魯・瑞士煉乳公司（Anglo-Swiss）是其邁出世界性企業的第一步。1929 年合併彼得（Peter）（發明牛奶巧克力）、柯勒（Kohler）、凱勒（Cailler）（瑞士巧克力創始者）三家巧克力公司，使巧克力成為雀巢公司的主產品之一。1947 年兼併美極（Maggi），使雀巢成為擁有牛奶、巧克力、即溶咖啡、速食湯等的綜合食品公司。

作為雀巢成功的經營策略之一，漢穆・茂赫在西元 1985 年以 30 億美元收購擁有 212 萬名員工的美國三花食品公司，在當時也算是一個破紀錄的大手筆。對三花食品公司收購行動成功使雀巢在美國擁有了一個大型分公司，1988 年的銷售額就達 65 億美元。1988 年，茂赫又以 60 億美元將英國的羅恩樹公司（Rowntree's）及義大利的布篤尼公司（Buitoni）收歸旗下。這些收購行動更是加強了雀巢公司對世界食品業的控制。

第四是撤銷文書作業，成立了新的報告體制。漢穆・茂赫注重「面對面」的交流，他說：「管理情報應不局限於數字或報告，而必須直接觀察並與有關人員面談才能了解實情，所以察言觀色必定更勝於一份報告。」

第五是生產貓狗等寵物的食品。養寵物越加蔚為風潮，經營這類食品必定有利可圖。現在，雀巢公司占領了世界寵物食品市場的 75%。

第六是經營開發中國家市場。雀巢公司在向開發中國家提供更多的食品及就業機會的同時，也獲得了新的市場。

三、雀巢品牌策略

雀巢的本行就是賣好吃的，多年來這項原則絲毫未變。雀巢的商標是一隻大鳥站在巢邊，餵養兩只嗷嗷待哺的小鳥，這個設計包含了「築巢本土，尋食四方」的意思，在迎合當地口味的同時，也不忘符合世界的潮流。

在不同消費等級的國家，雀巢使用的是不同的品牌轟炸策略，這就是雀巢獨樹一幟的品牌推廣策略。

在已開發國家市場，雀巢公司主要仰仗「雀巢」二字，高舉這一聲名顯赫的品牌進行推銷。考慮到已開發國家經濟比開發中國家更發達，居民的生活水準、消費能力相對較高，在這些地方打出「雀巢」這一世界名牌，不僅符合廣大消費者的心理需求，同時也說明他們有足夠的能力消費名牌，兩者的結合能夠為「雀巢」開拓大片市場。與此同時，雀巢還透過大量併購同行的途徑拓展經營規模。在過去的數十年中，雀巢公司投入了幾百億美元進行企業併購，使一些知名品牌被雀巢收歸旗下。

在開發中國家市場，雀巢公司則推出適應當地人口味的新品牌。雖然有時候也使用「雀巢」這一招牌，但更多時候，雀巢公司都是打出當地品牌來招攬新客戶。開發中國家的居民整體的消費力不高，人們考慮更多的是實惠，對於產品的外部裝飾以及品牌內涵並不關心，也不太可能花錢去購買名牌產品，品牌價值在他們看來是沒有實際意義的東西。因此，推出適合當地人口味的新產品，比打出名牌更有市場。如此一來，既可以降低品牌經營風險，避免品牌推廣的浪費，同時又能集中力量出擊，達到占領市場的效果。

到 2005 年為止，雀巢公司約有 785 億美元的資產，擁有 25 萬名員工，年銷售額已經達到 746.6 億美元，雀巢「再忙，也要跟你喝杯咖啡」等廣告詞也隨之深入人心。

除了與眾不同的品牌推廣策略之外，雀巢還有一套獨特的品牌管理方法，很顯然，後者是前者得以實施的基礎和保證。

從某種程度上說，人們對雀巢產品的接受是從品牌開始的。雀巢集團的每一種產品背後，都有公司品牌的支持。雀巢品牌管理分工很細，其中，由高層管理機構和策略事業部共同負責十個全球品牌，而四十五個跨國品牌由策略事業部和地區經理共同負責，一百四十個地區品牌則由地區經理和生產基地經理共同負責，生產基地經理還要負責七百餘個地方品牌。每個產品都必須包含產品的標籤說明、品牌定位、宣傳策略和包裝設計手冊。在品牌推廣方面，它特別注意強調「情意濃濃」的文化底蘊。

四、別具一格的用人制度

對人才的重視也是雀巢能夠翻盤成功的重要因素。雀巢公司一直認為，優秀人才是雀巢品牌得以持久不衰的保證，所以，雀巢公司認定自己必須擁有一套別具一格的用人制度——透明、開放、任人唯賢以及獨特的升遷方式。在雀巢，公司從不會在乎員工的國籍，也不會在乎是否定居瑞士，只要有能力就收歸旗下，且信而不疑。同時，公司很注重培訓各級管理階層的全球雇員。早在西元 1957 年，雀巢在瑞士洛桑成立了企業管理人研究學院（IMEDE），目前已發展成為很有影響力的國際管理與發展學院（IMD），並經常開設經營管理策略研究班，已成為彙集世界各地雀巢人進行交流的舞臺。

雀巢公司的前 CEO 彼得．布拉貝克說：「當公司要晉升某個員工並請我批准時，我總會問『這個人在公司裡犯過的最大的錯誤是什麼？』一個人如果一直不犯什麼大錯，顯見他沒有做出大型決策的魄力，或者說沒有機會從失敗中吸取經驗。」雀巢這種考核人才的獨特方法，就是鼓勵員工敢於冒險，不要讓自己只滿足於完成計畫中的任務，而應嘗試挑戰自我的新方法。

雀巢認為激勵員工不應該只局限在報酬、福利和升遷等有形內容上，還必須提供給他們一個能支持、信任、溝通、合作的和諧工作環境。這種環境雖然是無形的，但員工們對能及時得到正確回饋和指導感到十分滿意。雀巢公司是全球性的大企業，各地員工的經歷和期望值各不相同。公司為那些願意承擔工作責任的員工提供良好的晉升機會。作為世界第一的食品加工企業，員工們更願意認為「我們為自己生產的產品而感到自豪」。

對於一些有能力、對工作熱情、有主見的員工，他們的上司會密切關注他們所取得的進步，檢查他們的成就和不足，甚至探問他們的家庭狀況。這些被觀察的人以後很可能會獲得升遷，但過程中他們自己並不知道。

管理階級是公司的中流砥柱，一個好的管理者要有職業道德，要有與他人交流溝通的能力，還要有組織能力和能調動員工積極性的手段。除了這些基本項目外，雀巢對管理人員還有另外兩個特殊的要求：一是管理者要有魄力、毅力，要有冷靜的頭腦以及處理外界壓力的能力。換言之，當外界對公司持強烈反對意見，而管理人員透過調查分析，發現外界的觀點的錯誤，就要敢於堅持自己的正確觀點，引導輿論向有利於公司的方向發展；二是要謙虛，有些公司認為他們的產品可以改變人們生活、改變世界，但雀巢卻不想讓自己的產品改變人們的生活方式或口味，他們僅想滿足人們的需求和欲望。

五、品質取勝

雀巢靠品質起家，也靠品質維護自己世界名牌的地位，而優質與安全也成就了其在世界各地的美好聲譽。在雀巢公司管理方式裡，品質優先可以濃縮成巴掌大的數十頁手冊，也可以

「稀釋」成幾大本對不同產品的品質要求，和對不同員工、不同職位的行為規範。雀巢認為，安全和遵守法規是兩個不可討價還價的品質原則，在這一原則面前，任何人、任何事都沒有商量餘地。雀巢的研究和品質控制是從農夫生產加工食品的原料開始，即「從農場到餐桌」。雀巢的信譽和成功都建立在這種嚴格的品質基礎上。

雀巢品牌對客戶承諾，凡是雀巢公司的產品都是安全的，都達到了高品質、高標準，無論是瑞士還是世界其他國家的食品法規，雀巢都可以達成甚至比那更好。雀巢本身沒有農場，但透過與全世界的農夫合作，原料品質可獲得掌控。在加工過程中，確保品質的各項管理措施也極其縝密。例如，雀巢從乳牛飼養、鮮奶採集、運輸時間的有效控制和品質檢測加工，到最後的成品，都經由嚴格的 SOP 控制，確保送到消費者手中的產品優質安全。雀巢品質保證系統所包含的各個要素和各種基本原則被視為「雀巢品質管理聖經」。

雀巢最古老的咖啡品項——即溶咖啡，到今天為止其種類已多達 200 多種，從拉丁美洲國家喜歡的黑色到亞洲人喜歡的褐色應有盡有。而在瑞士生產的雀巢咖啡豆屬於「羅布斯塔」品種，味道濃香，很適合歐洲人和非洲人的口味。

國際化策略對雀巢產品提出了更高的標準，特別是咖啡的口味，因地制宜追隨各群體消費的喜好和需求是雀巢公司的經營宗旨，為此，嚴格把關產品風味成為雀巢走向世界至關重要的前提。為確保產品品質，雀巢制定了在生產過程中對每一環節都極細緻周到的品質管理細則和檢驗標準，包括了原料選擇、生產流程控制、成品檢驗、包裝材料分析等各大步驟。雀巢一向重視原料的精選及其化學成分的分析，對製成品定期進行食品化學、營養學、細菌學等方面的檢驗，甚至對包裝材料也要專門測試，以防止顏料與食品之間可能產生的有害化學反應，並確保食品的營養成分在運輸及保存期間內不變質。

六、模組組合的營銷策略

雀巢翻盤的成功自然是多種因素共同作用的結果，但是雀巢公司在管理方式上的推陳出新為公司經營做出了很大的貢獻，其中，模組組合營銷策略的實施就是一項重要因素。雀巢總部負責對公司的生產工法、品牌、品質控制及主要原料等作出嚴格規定，而剩下的經營管理方式則大致由各國公司的主管確定，他們有權根據各國的要求，決定每種產品的最終樣貌。

這種分分合合、零零整整的策略，意味著公司既要保持全面分散經營的方針，又要追求更大的一致性，為了達到這樣的雙重目的，公司總部必然需要保持微妙的平衡。這是國際化經營和在地化經營之間的平衡，也是國際傳播和當地國家傳播之間的平衡。如果沒有按照一致的原則和統一的目標執行，沒有

考慮與之相關的所有因素，那麼這種平衡將很容易受到破壞。

為了使各分公司正確貫徹新的方針，雀巢公司提出了三個重要的規定，內容涉及公司策略和品牌的營銷策略及產品呈現的細節。

1. 商標的標準化。顯而易見這是一個指導性的規則，其中對品牌標誌設計組成的各種元素作出了明確的規定。如雀巢咖啡的標誌、字體和所使用的顏色，以及各個細節相互間的比例關係等等。
2. 包裝設計手冊。這個手冊所提出的規定其實非常靈活，需要執行者因地制宜地使用。手冊主要提出包裝設計中各種不同的標準，比如包裝使用的材料及包裝的形式。
3. 最重要的是品牌化策略的規則。範圍涵蓋雀巢產品的營銷原則、背景和策略品牌的主要特性等細節。主要特性包括：品牌個性、期望形象、與品牌相關的公司、前述兩項規定涉及的視覺特徵、以及品牌使用的開發等。

雀巢公司的決策層了解，經濟全球化已使企業行銷活動和組織機制成為模組結構，根據這一發展趨勢，公司日後工作必須轉向組合模組形式，實施模組組合行銷。模組組合策略的定義可以這樣下：將公司的營銷部門按性能分割，將其劃分成直接運作於市場的多個小規模業務部門，以便可以靈活運作於市場，並對市場的需求即時做出應變決策。同時，強調各經營業務部門雖具有獨立性，但應服從於企業總體策略路線。在雀巢公司的模組組合策略中，各分公司就是作為一個基本模組，獨立運作於所在的市場，有權採取獨特的策略，但又接受公司總部的協調。

雀巢成功翻盤，證明它是打不倒、擊不垮的勇士，無論遇到多大的困難總能堅強挺過。在風雨歷練中，雀巢也確實是一步一步地走向完善，變得更加堅強，更加茁壯。只要是企業，誰都不想遇到危機，誰都不想陷入困境，然而市場大潮卻從不偏愛某一個企業，想要成長就必須經歷磨難。雀巢真正安穩的日子可謂沒幾天，時時有大大小小的磨難登門拜訪，然而雀巢沒有退縮，它選擇了勇敢面對，終於在風雨歷練中成就了自我。

結論

雀巢的目標是做市場的領跑者，在維持業內的領先地位上，雀巢公司堪稱成功的典範。它的成功並不局限於某一局部戰場，而是著眼於整個策略上的勝利。

對於一個策略制訂者來說，策略眼光是他成功的第一步。是否具備獨特且長遠的策略眼光，關係著整個策略計畫的成敗。這種眼光不僅來自於制訂者本身的天賦，更重要的是調查實踐以及分析問題的能力。也只有在掌握了基本狀況，全面而

清晰的認識當前局勢之後，他的能力才可能發揮效用，否則，就是蠻幹。雀巢公司的策略眼光就在於使用大量市調分析所有潛在市場，然後據此研製出產品上市最佳策略，最後努力使之成為一項成功的長期投資。

有了長遠的策略，下一個環節就是堅持。雀巢公司為了進入某國市場，曾與當地展開長達 13 年之久的對話，最後終於受到誠心邀請，獲許在那裡生產乳製品。這難道不是精誠所至，金石為開？為了長遠的發展，談判十幾年，這便是雀巢公司獨特之處，世界上可能沒有第二家這樣的企業。

想要領導市場，必須時時刻刻把握市場動向。市場的動向以顧客需求為軸心，因此，徹底了解顧客是這件工作的核心。了解顧客最直接最有效的方法莫過於市場調查。雀巢公司透過堅持不懈地研究市場行銷、蒐集訊息來分析自己的顧客，包括最終消費者和交易的情況。雀巢在全球建立了 20 多家研究機構，這些機構專門負責進行市場調查，把握消費者的消費偏好和動向，以便進行產品創新。舉個例子，公司透過市場調查了解亞洲人對食品的要求標準不比其他地區的人低，不會只圖方便而降低要求，寧願麻煩一點也要保證食物的品質。根據這一調查結果，雀巢生產出對應的調味料和肉汁，可以儲存起來在烹飪時拿出來使用。

雀巢公司得到回報是，全球生活水準在中間以上的家庭，幾乎沒有沒消費過雀巢公司產品的，不論是雀巢咖啡，還是雀巢奶粉等等。

雀巢公司的市場領跑者地位不是別人雙手捧上的，它在取得這一地位上所做出的努力世人都有目共睹。在領跑者這一地位上，相信雀巢能越走越遠。

相關連結：
都是包裝惹的禍 —— 雀巢遭遇牛奶事件

2005 年 11 月 22 日，全球著名食品公司瑞士雀巢食品集團宣布，由於生產的嬰兒牛奶被汙染，在法國、葡萄牙、西班牙和義大利歐洲四國召回這批嬰兒牛奶。雀巢認為，這批嬰兒牛奶是滲入了包裝上的一種名為 ITX（Isopropylthioxanthone）的化學物質而被汙染。有記者評論：「相隔三十年，雀巢『重溫』噩夢。」

雀巢公司率先將其生產的牛乳從義大利、法國、葡萄牙和西班牙四國的市場撤架，其中收回數量最多的是在義大利，當地有問題被查封的雀巢牛奶多達 200 萬公升。此後第二天，雀巢又從希臘市場上收回了 420 箱嬰兒牛奶。至此，雀巢已經召回市面上所有包裝存在問題的產品。

雀巢公司發言人法蘭塞維．佩魯（Francois-Xavier Perroud）向外界表示抱歉，這次事件是由於為雀巢提供外包裝原料的瑞典利樂包裝集團沒有達到預期標準而造成的，公司允許全部退貨。

而利樂集團也宣布，它將逐步停止在牛奶和果汁包裝上使用 ITX。利樂從 2005 年 10 月分開始限制在嬰兒牛乳的包裝材料上使用 ITX。到 2006 年 1 月底之前，它將把限制使用這一化學物質的範圍擴大到其他牛奶及果汁的包裝上。但利樂強調，該公司對 ITX 的使用完全符合歐盟和聯合國衛生機構的相關法律規定。

利樂集團國際發言人帕特麗夏·歐海爾（Patricia O'Hayer）表示，測試發現，在使用利樂包裝的某些牛奶和果汁中的 ITX 含量的確高於預期。她還說，有 1% 到 2% 採用利樂包裝的產品使用了這種油墨，但她拒絕透露這些品牌的名字。歐盟委員會在雀巢從義大利等國召回牛奶後宣布，歐盟食安局檢測確定，這些牛奶中的 ITX 不會影響食用者的健康。

雀巢此次事件對消費者不會產生太大影響。但有關專家指出，雀巢事件又一次為我們敲響了安全警鐘，提醒我們知名品牌也有安全問題。

第六章

再度起航的沉船——克萊斯勒

成立於西元 1925 年的克萊斯勒集團（現為 FCA US, LLC），是僅次於通用和福特的美國第三大汽車龍頭。在二戰以前克萊斯勒曾有過輝煌的業績：在短短的十年創業期間內，無論銷售額或技術優勢，都迅速超過福特汽車公司，位居美國汽車業第二。1970 年代末克萊斯勒公司卻沒有依據市場變化對自己做出調整，造成連年虧損，成為 500 大企業中最大的虧損者，僅西元 1979 年的 9 個月中虧損額就高達 7 億美元，使克萊斯勒公司的經濟運行一直處於低谷，公司陷入內外交困的窘境，徘徊在崖壁之間，瀕臨破產倒閉的邊緣，前途渺茫！

然而，世事總是難料，尤其在風雲變幻的商場之上。正當克萊斯勒危機重重，瀕臨倒閉的時刻，福特汽車公司的 CEO 艾柯卡（Lido Anthony Iacocca）被老顧主無情地一腳踢出，進入克萊斯勒，兩者的結合成就了克萊斯勒後來的輝煌。

拋錨邊緣的克萊斯勒

沃爾特．克萊斯勒（Walter Percy Chrysler）——一個機械天才，被人們尊稱為「公司的醫生」。他 18 歲時就設計出一部小型蒸氣火車頭，37 歲時創辦了克萊斯勒汽車公司。二戰時期，克萊斯勒公司在軍用卡車、坦克等武器生產中發了大財，從而不斷地擴大汽車生產。1950、1960 年代，李．湯森（Lynn

A. Townsend）擔任公司 CEO 時期，他制定的海外市場策略被世人稱為「克萊斯勒旋風」，此時克萊斯勒迎來黃金時代，成為名副其實的大集團，進一步鞏固了美國汽車業前三強的地位。

進入 1970 年代，中東石油禁運導致能源危機，汽車消費市場轉向小型國民車，加上美國發布汽車廢氣排放標準等原因，克萊斯勒逐漸走進下坡路。中東石油危機為世界汽車業帶來無法估量的衝擊，世界經濟在石油危機下變得十分脆弱。克萊斯勒在經濟狀況惡化和小轎車跟著環保意識抬頭的衝擊下，加上自身體制和管理問題，以及外來競爭的壓力，一步一步向拋錨的邊緣邁去……

一、能源危機引發經濟環境變化

西元 1973 年下半年，沙烏地阿拉伯為抗議美國在中東戰爭中對以色列的支持，宣告實行石油禁運，緊接著，石油輸出國組織（OPEC）透過協議，加入石油禁運的行列，中東石油危機由此爆發。這一場危機爆發給了正處在危難之中的美國汽車工業當頭一棒，加速了美國汽車工業的調整和轉型。

世界出現全球性的石油危機，嚴重衝擊依賴能源的汽車工業。石油價格上漲，令一貫毫不吝惜用油的美國人也不得不精打細算起來，改變奢侈的作風，逐步開始使用耗油量小的小型汽車。能源危機使得許多消費者的目光指向了較小、較經濟的車型，而這些車型主要是由美國以外的國家製造的。日本的汽

車製造廠利用消費者對省油車的需求，向美國出口了許多國民轎車。儘管大型轎車的銷售情況後來有所回彈，但是美國已經獲得小型轎車帶來的環境效益與經濟效益，關心轎車經濟性的購買者更集中關注小型車款。

此外，因為美國政府頒布了嚴格的平均燃油效率標準（Corporate Average Fuel Economy, CAFE）以節省石油，克萊斯勒面臨全行業範圍的、影響基本車輛設計思潮的改變。在同一時間，管理部門又頒布了汽車廢氣排放標準，以改善空氣品質；頒布了安全性標準以保護車內乘員。如果進一步改進的需求衝擊了技術的界限，則這些政府措施就會增加未來的生產難題。

克萊斯勒作為美國三大汽車龍頭中最小的一家，與通用和福特汽車同樣的技術相比，受到政府規章制度的限制而產生的負擔最大，因為它可用於開發的資源最少。當通用和福特已經推出了好幾款超小型轎車的時候，克萊斯勒公司生產的小型轎車還上不了檯面。能源危機使克萊斯勒公司在西元 1974 年所發布的新車型黯然失色，汽車市場由於石油禁運引起的經濟衰退而搖晃，從而導致通貨膨脹引起的壓力增高。

西元 1974 年，汽車業總體產量下降了 20%。雖然克萊斯勒公司所占的市占率大致保持不變，但總產量還是下降了 26%。另外，克萊斯勒公司還要對抗由通用和福特設定的標準，並提高新車型的價格。儘管美國三大汽車龍頭全都在此時漲價，而且其他汽車製造廠後來也跟著漲價，但是克萊斯勒卻承受了輿論批評的主要壓力，即使只把價格提高 1%，也遭到消費者的猛烈攻擊。

1975 年初，銷售下降到 1970 年的程度，累積了兩個月的車輛庫存。公司不得不縮減生產，並辭退 18,000 名員工以降低成本。政府把汽車工業問題的責任歸咎於汽車製造廠提高價格，美國三大汽車公司則認為政府應該刺激消費者需求，批評政府鼓勵人民節省開支，而不鼓勵人民花錢以促進銷售。1975 年，克萊斯勒公司再次提高價格，卻導致 30 萬輛新車滯留在公司的倉庫裡。因為資金少，公司不能像競爭對手那樣投入大筆技術創新經費，也就意味著探索新造型和新設計的機會少。這個狀況形成惡性循環，引起銷售下降，其結果就阻礙了金錢投入新車輛的開發。因為公司問題增多，員工和產品品質都開始鬆懈，克萊斯勒公司的財務狀況逐漸下降。

二、小型車的衝擊加重經營危機

似乎是山雨欲來風滿樓的徵兆。在世界能源危機之前，小型車在市場上便開始大量銷售，搶占大型車的市占率。隨著能源危機的爆發，小型車越來越吃香，耗油量小的汽車在汽車市場上越來越搶手。然而，可以肯定的是能源危機並不是小型車行情看漲的唯一原因。日本豐田公司在 1960 年代所做的調查就發現，小型節能汽車大量生產的未來必將到來，可惜克萊斯勒沒有意識到這一點。

第六章　再度起航的沉船—克萊斯勒

隨著能源問題和環境問題逐漸引起矚目，越來越多人提倡使用小型車。在環境保護和節約能源方面，大型車顯然輸給了能源消耗少、環境汙染小的小型車。隨著消費者經濟能力普遍提高、中產階級數量擴張，對他們來說，買一輛大車可能過於奢侈，或許根本就用不著，而買一輛小型車的話，不僅方便適用，而且以他們的消費能力也能夠承擔得起。於是，越來越多的消費者偏愛小型車。

另一方面，從 1960 年代起，美國的家庭結構也發生一些變化。婦女運動的推行使得婦女就業機會越來越多，如此便需要第二輛或更多經濟實惠的家用汽車。此外，隨著戰後嬰兒潮世代正在走向成年，他們也需要有一輛車。而且家長們還發現，為他們上高中、大學的孩子們買輛新型的進口省油小汽車，比買輛大型的美國舊車要便宜得多。

在這樣的市場大潮衝擊之下，克萊斯勒似乎依然做著它的春秋大夢，仍然我行我素地專心致力於大型汽車的開發生產，這種巍然不動的「定力」和「耐性」讓美國新聞界和消費者留下了深刻的印象。當危機襲來時，董事長李．湯森的鎮定非比尋常，他說：「不要被短暫的市場波動遮住眼睛而迷失了方向，我們的目標是生產頂級的大型車，一定要將之付諸現實」。於是，他採取了與通用「小型化計畫」相反的策略，集中力量重新設計大型汽車，總共花費了 2.5 億美元。但是不合時宜的付出不會有收穫，大型車的銷量平平，結果是公司連續兩年虧損。

吃了大虧的克萊斯勒，公司決策層依然故我，還是決定盡全力保住大型車市場的占有率。在危機面前，儘管克萊斯勒決定對生產費用和雇員進行大幅度削減，顧不上這一舉動對未來經營的不利影響了，但是很顯然，克萊斯勒沒能用這種剜肉補瘡的作法穩住已經亂了的陣腳。

西元 1977 年，克萊斯勒公司被迫放棄重型卡車的生產，全力生產大小貨車。然而在燃料危機和價格高漲的威脅下，這些產品的銷售依然十分疲軟。克萊斯勒公司虧損已達到數億美元。在 1978 年石油危機再度發生時，通用和福特很快抓住了這一變化，迅速改變產品策略，從生產大型汽車轉為省油的小汽車。但是克萊斯勒卻固守自己的經驗，認為使用大汽車是美國人的本色，結果大型汽車銷量一落千丈，公司存貨堆積如山，每天損失 200 萬美元，企業面臨破產的困境。

這時，公司的領導層才真正感到危機已經向他們撲來，克萊斯勒面臨拋錨的危險，董事長不得不引咎辭職。

力挽狂瀾的艾柯卡

艾柯卡的出現，顯示克萊斯勒命不該絕。在克萊斯勒危機四伏、瀕臨死亡的同時，福特公司總裁艾柯卡被解僱的消息也傳遍了美國的大街小巷。這一消息讓克萊斯勒當時的董事長里卡多（John Riccardo）覺得好像抓住了一根救命草，他深信唯

有請到享有「野馬之父」盛名的艾柯卡這樣的管理者才有可能創造克萊斯勒起死回生的奇蹟……

「艱苦的日子一旦來臨，除了做個深呼吸，咬緊牙關盡其所能外，實在也別無選擇。」艾柯卡是這麼說的，最後也是這麼做的。他沒有被克萊斯勒當時的困境嚇倒，這位在世界第二大汽車公司當了 8 年總經理的事業強者，憑著他的智慧、膽識和魄力，大刀闊斧改革企業，並向政府求援，舌戰國會議員，取得鉅額貸款，重振企業雄風。經過短短 4 年的奮鬥，瀕臨倒閉的克萊斯勒公司就奇蹟般地起死回生，扭虧為盈。西元 1983 年，宣布了克萊斯勒史上最大年利潤 —— 9.25 億美元，同時償還了 7 年前的貸款。艾柯卡獨具匠心的經營術，使克萊斯勒公司這艘即將要沉沒的船，又重現與福特、通用公司並駕齊驅的風采。

一、整頓管理

艾柯卡一到任，立刻大刀闊斧的開始革除弊政，第一件事就是整頓原有的企業經營制度。

艾柯卡對克萊斯勒公司的經營管理現狀進行深入調查，很快就發現克萊斯勒公司的人事制度上存在著嚴重問題：管理機構龐雜，效率極為低下；財務系統混亂不堪；設計、製造、銷售互相脫節；領導決策層訊息閉塞；基層員工士氣低落，工廠紀律鬆弛；各分公司更是魚龍混雜；外行領導內行，完全喪失了決策的民主化和科學化。艾柯卡把克萊斯勒公司的全部問題歸納為一點，就是沒有認清自己的位置，缺乏團隊精神，或者是根本不知道該怎樣合作，因此公司裡面一團混亂。一個團隊一旦成為一盤散沙，再強的能力也難以發揮出來，一切都是徒勞。

在摸清了癥結所在以後，艾柯卡便開始對症下藥，採取了一系列卓有成效的重大舉措，他大有「捨得一身剮，敢把皇帝拉下馬」的英雄氣概。艾柯卡的目標先對準公司高層。他撤掉了那些身居高位但尸位素餐的人，解僱了把持生產、管理、經營等重要部門的平庸之輩，先後辭退了 35 個經理中的 33 個，高層部門的 28 名經理被撤掉了 24 位。艾柯卡接下來要做的就是精簡機構。他大力壓縮企業規模，裁撤職務重疊的部門，公司各部門漸漸由臃腫變得精悍。緊接著開始裁員，僅一年時間，艾柯卡先後解僱了 9 萬多名雇員。然後是減薪：留用員工總共減薪 12 億美元，其中最高管理層的各級人員減薪達 10%。他自己以身作則，將年薪定為象徵性的 1 美元。與此同時他又從福特挖走一些管理幹將，再從內部挖掘，提拔了一批有潛力的優秀人才，將這些菁英分子整合成擁有一流管理能手和理財專家的指揮團隊。在砍掉壓在公司身上的重擔、清除掉人事管理方面的障礙之後，輕裝上陣的克萊斯勒終於丟掉了老舊沉重的包袱，甩掉老態龍鍾的模樣，邁著矯健的步伐在艾柯卡設計的道路上穩步前進。

二、人才為本

艾柯卡用人的首要標準是「志同道合」。凡志同者，不計較年輕資淺；凡道合者，無論貧富貴賤，照樣委以重任。他用的人，必須熟知他的領導作風，對他的管理手段能夠不折不扣地貫徹執行。在此標準下，克萊斯勒原有的人員中能被看上的實在不多。因此，艾柯卡不得不在自己熟悉的福特公司舊部中打主意。

第一個被他挖過來的，是福特委內瑞拉子公司的原總經理傑拉德．格林沃德（Gerald Greenwald）。此君正值中年，有著非常機敏的頭腦和埋頭苦幹的務實精神。艾柯卡先派他去整頓最為關鍵而又最混亂的財務部門，一旦他上了軌道摸熟門道之後，馬上提拔他為副董事長。

第二個被他挖來的是早已離職退休，65 歲的原福特公司老將保羅．伯格莫澤（Paul Bergmoser）。此君擔任福特公司副總裁整整 30 年，見多識廣，足智多謀。艾柯卡看重他豐富的經驗和老當益壯的氣概，委以總經理的重任。後來，艾柯卡又陸續請來了「當家理財的一把好手」史蒂夫．米勒（Robert Steven Miller），破格提拔他為主管金融業務的經理；聘請「能料知三、四年以後市場最需要什麼汽車」的哈爾．史伯利奇（Hal Sperlich），讓他擔任主管生產計劃的經理；聘請「最能與經紀人協調關係」的加．勞客斯（Gar Laux）主管銷售；聘請已退休的總工程師漢斯．馬蒂亞斯（Hans Matthias）負責機械製造；

聘請「能在雞蛋裡挑出骨頭」的喬治·巴茨（George Butts）在產品品質方面的全權負責人。同時，艾柯卡還在克萊斯勒原有人員中挖掘任用了一批高階人才，實施能者上、庸者下的策略。經過大刀闊斧的重新組合，克萊斯勒組成了一個強大的團隊，從上到下迅速形成了以艾柯卡為首，訊息暢通、關係融洽的高效營運系統，為日後實施新的營銷策略打下了良好的基礎。

三、獨特的廣告思維

在商品市場中，廣告宣傳往往起著至關重要的作用。早在利哈伊大學（Lehigh University）讀書期間，艾柯卡就是一位優秀的校刊記者。他曾為一位利用木炭作動力製造小汽車的教授寫過一篇新聞報導，並絞盡腦汁為這篇報導取了一個醒目的標題。這篇文章發表後竟然被美聯社採用，並被成百上千的報紙轉載，成為一段佳話。

艾柯卡來克萊斯勒公司之前，他在福特公司從一名普通職員奮鬥到總經理的位置。在銷售一環，他格外重視產品的廣告宣傳，並且堅持認為只有與自己熟悉的廣告人才能貫徹他的營銷理念。

所以，就在艾柯卡加盟克萊斯勒的第二年，他就做出決定，終止一直與克萊斯勒合作的揚魯比肯廣告公司（Y&R）和 BBDO 廣告公司的業務，啟用肯揚·艾克哈特廣告公司（Kenyon & Eckhardt），委託其全面負責克萊斯勒的廣告宣傳

業務。消息傳出後，傳媒界、企業界、廣告界一片譁然。無論媒體持什麼觀點、輿論抱何種態度，艾柯卡都不去理會，他深知要重振克萊斯勒公司，就要按照自己的管理模式和行為哲學來行使權力，肯揚·艾克哈特廣告公司是他以前在福特時的合作夥伴，雙方都有著豐富的經驗和默契。

在《反敗為勝：汽車巨人艾科卡自傳（Iacocca:An Autobiography）》裡，對於替換廣告公司一事有這樣一段闡述：「被替換的兩個廣告公司其實相當不錯。但我的事情太多，早已下決心要簡化一切。我賠不起與兩個陌生廣告公司打交道的時間，我沒有時間把我的想法或經營方式一一教給他們。我用已經熟悉的人來代替，他們已經對我很了解，只要我說出上句話，他們就知道我下句話要說什麼了。」正如他所描述的那樣，肯揚·艾克哈特是一家為福特汽車公司服務了 34 年的廣告公司，在艾柯卡擔任福特汽車公司總經理期間，他們曾有過長期且有默契的合作。艾柯卡充滿信心地說：「連同肯揚·艾克哈特在內，我們已組成了一個完整的球隊，現在可以上場了。』

為了爭取到更多人的支持，艾柯卡決定以一系列廣告作為危機溝通的方法，他希望借助廣告明確地告訴公眾：第一、克萊斯勒公司絕不會關門；第二、我們正在生產美國人真正需要的汽車。如此不僅堵住不少媒體的推測和不利於公司的流言，更重要的是，此舉向一切衷心希望克萊斯勒重整山河的人拋去一顆定心丸，增強了企業的凝聚力。

與艾柯卡有著長期合作關係的肯揚·艾克哈特廣告公司經過一番絞盡腦汁，一條條直率、坦誠的公關廣告開始在各大媒體上頻頻亮相。這一系列廣告的特別之處還在於，艾柯卡在每條廣告文下方都簽上了自己的大名，他向社會公眾宣布：一家即將破產公司的老闆把自己的聲譽全都拴在企業和品牌的聲譽上，把全部心力用於創造產品。這一系列廣告在政府以及社會公眾中引起了很大的迴響，一時間克萊斯勒成了社會各階層的熱門話題，最終政府決定向克萊斯勒公司提供貸款。

當時的美國總統卡特曾對艾柯卡調侃道：「我和我的妻子羅莎琳都很欣賞你在電視上做的廣告，你已經變得和我一樣出名了。」

四、市場調查

過去的克萊斯勒因為不注重市場調查，耳目失聰，訊息不靈，致使錯誤地估計了形勢，結果吃了大虧。

汲取前任 CEO 的教訓，艾柯卡十分重視對市調預測。為此，他先組成了一個 60 人的市調小組，繼而又增至為 125 人。在市場專家的率領下，對國內外汽車市場的動態、消費趨勢、顧客偏好、燃料價格波動情形和家庭規模變化等，與汽車生產、銷售相關的大量訊息一同廣泛收集整理，並在此基礎上以科學方法預測。這一切都為艾柯卡的後續工作提供重要依據。依據科學方式分析得出的決策，往往是理性正確的決策。果然，艾柯卡根據 1980 年代國際石油價格開始回落、美國國內石油供應情況日趨好轉，及研究小組提供的訊息，判斷市場可能會出現爭購中大型汽車的熱潮，以容納全家人出遊，他果斷地在董事會上做出決策：增加公司保留多年的「New Yorker」中大型車的生產量。同時，憑著銳利的眼光在公司尚未注意的方面迅速拿出幾種新產品，隨即在市場上搶得一席之地，K 型汽車正是在這種情形下應運而生。

在克萊斯勒百廢待興的日子裡，艾柯卡認為 K 型汽車的推出應該是衝破黑暗的希望之光。西元 1980 年 9 月，克萊斯勒汽車公司滿懷希望地推出了它的 K 型車。K 型車是一種前輪驅動的微型車，與通用汽車公司的 X 型車相比，K 型車更為舒適也更省油。克萊斯勒公司希望在 1980 年 10 月和 11 月售出 7 萬輛 K 型車，在整個 1981 年售出 49 萬輛。

再完美的產品也可能失誤，雖然 K 型汽車最終挽救了克萊斯勒，但是它進入市場的第一年並不順利，現實是殘酷的，在 10 月、11 月中僅售出 34,273 輛 K 型車，遠遠落後於福特和通用的微型車。西元 1980 年 10 月，公司又上市「Aries K」、「Reliant K」等新款型，但均以失敗而告終。這些對克萊斯勒形成巨大壓力，更糟的是公司最早對 K 型汽車的標價使顧客大為吃驚，當時恰逢克萊斯勒和對手通用汽車打價格戰。

最後，艾柯卡發現在價格上要低於通用而仍能生存，唯一的辦法就是在選配上撈回來，因此克萊斯勒馬上生產了大批配有空調、自動變速器、絲絨椅套和電動車窗等新裝置的 K 型汽車，雖然使價格增加了 2,000 美元，卻顯得物有所值，引起了消費者的關注。

當時艾柯卡也十分擔心 K 型車的出師不利，「要是對調查研究更加全面就好了。這是一次付出高昂代價的錯誤，幸好公司及早發現並給予改正。」他回憶說，「上帝會幫助那些用心的人。」果然，皇天不負苦心人，西元 1981 年初，K 型汽車銷量開始猛增，儘管開頭不盡如人意，但後來的業績還是很令人欣慰，第一年 K 型汽車就占據了小型車市占率的 20% 以上。「我們終於可以喘口氣了！」自 1964 年艾柯卡為 Mustang 這輛「黑馬」揭幕以來，他再也沒有為一種新產品如此激動過了。

事實證明，艾柯卡拯救了克萊斯勒，K 型車最後取得了巨大成功，這一年公司的利潤達到了 1.7 億美元。

五、公關政府尋求貸款

艾柯卡接手克萊斯勒這個債臺高築的爛攤子時，萬般無奈求助於政府，希望得到美國政府的擔保，以便從銀行獲得用於開發新車的 12 億美元貸款。這一消息傳出後，立即在美國激起了軒然大波，引來一片斥責之聲。原來，美國企業有一個不成文的規矩，認為依靠外部力量，尤其是依靠政府的幫助來干預市場，是不符合自由競爭原則的。對艾柯卡來說，這無異於當頭一棒。

面對企業界、輿論界，以及政府和國會的一片斥責和反對聲，艾柯卡不疾不徐冷靜分析，並採取了「兵分多路、各個擊破」的戰術，耐心掃除公共關係上的重重障礙。

首先，他援引了美國人所共知的史實，有憑有據地向企業界說明過去洛克希德航太製造公司、全美五大鋼鐵公司和華盛頓地鐵公司都曾先後取得政府擔保的銀行貸款，總額高達 4,097 億美元之多。克萊斯勒公司申請區區 12 億美元貸款，想請政府擔保一下，卻遭到非議，業界同仁們為何如此厚彼薄此？

接著艾柯卡向輿論界大聲疾呼：挽救克萊斯勒公司，正是維護美國的企業自由競爭制度，保護市場公平競爭。北美只有三家大汽車公司，一旦克萊斯勒破產垮臺，整個北美市場就將被通用和福特兩家公司瓜分壟斷，這樣做，在以自由精神著稱的美國，公平競爭的精神豈不就蕩然無存了嗎？這種利用輿論造勢為自己申辯的手段，使那些反對的聲音漸漸由大到小，最後消失殆盡。

對政府的公關，艾柯卡採取了不卑不亢的態度，提出了言辭溫和但骨子裡卻十分強硬的警告。他熱心地替政府算了一筆帳：若是克萊斯勒破產垮臺，政府就必須額外為此支付 27 億美元的失業保險金和其他社會福利開銷。他彬彬有禮地向當時正為財政出現鉅額赤字煩惱的美國政府發問：你們是願意白白地支付 27 億美元呢，還是願意出面擔保，幫助克萊斯勒公司向銀行借 12 億美元貸款呢？這種「咄咄逼人」的談判風格最終讓政府甘拜下風。

對國會議員們，艾柯卡的工作更是做得滴水不漏。他吩咐手下的人，為每個國會議員開出一張詳細清單，上面列有該議員所在選區內所有與克萊斯勒有經濟往來的經銷商或供應商的名字，並附有一份報告，分析一旦克萊斯勒公司倒閉將在其選區內產生什麼經濟後果。這樣做，實質是在暗示這些國會議員們：若是你投票反對政府為克萊斯勒公司擔保，那麼，你所在選區內將有若干與克萊斯勒公司有業務關係的選民丟掉工作，這些失業的選民對剝奪他們工作機會的國會議員必然反感，那麼，你的議員席位也就不會穩固。這種「威脅」手段終於使絕大部分議員們同意貸款。

艾柯卡四下出擊，兵分多路，各個擊破，終於收到了奇效：企業界、輿論界的反對派偃旗息鼓；國會那些原先曾激烈反對政府擔保貸款的議員緘默不語；政府也一改初衷，採取積極出面擔保的合作態度。艾柯卡化干戈為玉帛，爭取到各方的支持，他所需要的 12 億美元貸款終於順利到來了。他利用這筆來之不易的貸款，一舉開發出了幾款新型轎車，為克萊斯勒走出困境提供了關鍵的經濟支柱。

六、雙向溝通

企業是由員工組成的，由員工們共同的努力而運轉的，因而員工對企業的狀況，對企業的生存和發展有著關鍵的、決定性的作用。

企業與員工之間關係的好壞舉足輕重。雙方之間有效溝通，會贏得良好的合作關係，取得企業發展的最佳內部動力，

而且必將使企業在外部關係上左右逢源，充滿社會張力。

雙向溝通協調法是一種協調手段，要企業制訂合理的溝通政策、保持有效的雙向溝通，向員工提供訊息，並使員工有權表明自己對組織事務的看法。換言之，企業向員工傳達訊息，員工對之作出反應，企業再根據回饋調整經營方針的過程，就是雙向溝通協調法。

艾柯卡在剛接手克萊斯勒公司時，該公司內外交困，危在旦夕。在這種情況下，艾柯卡與員工同甘共苦，度過了難關。他採取的就是雙向溝通、有效協調的作法。

其步驟為：

1. 毅然決然地把自己的年薪降為象徵性的一美元，打動員工的心。
2. 削減公司高階職員的年薪至原來的 50%，以獲取一般員工支持。
3. 將公司的真實情況如實告訴工會領導人：20 美元一小時的工作沒有了，只有 17 美元一小時的工作，員工願意接受，公司就能生存，否則就宣告破產等等。

由於艾柯卡率先垂範，犧牲個人利益，使員工們也甘願放棄平均每人 1 萬美元的薪水，且迸發出巨大的精神力量，這一系列轟動新聞也贏得了社會的廣泛同情和支持。

七、在「新」與「舊」上大做文章

在處理「新」與「舊」的問題上，艾柯卡也展現了非凡的洞察力和協調能力。不僅適時地推出新的市場寵兒，而且能使「舊」的東西重新煥發迷人的光彩。

在美國，有些早已匿跡的古董貨有時也會別開生面重啟潮流。敞篷小轎車興起，經歷二次大戰，又至 1960 年代中期，在美國經歷了「三起三落」的歷史。1970 年代以後，裝有空調、音響設備的封頂車取代露天吹風的敞篷車，幾家大型的汽車製造商先後停產。西元 1976 年 4 月 21 日，底特律市長科爾曼·楊（Coleman A. Young）甚至還為美國最後一輛敞篷車舉行了「告別儀式」。從此，這種車在大街上銷聲匿跡了。

然而，艾柯卡意識到汽車市場上人們對汽車造型的消費規律，大膽決定重新生產敞篷汽車。他要人先改裝一輛舊的敞篷車做試驗。當這輛車第一次開進中心市場，便引起了極大的轟動。由此，艾柯卡摸到了美國人想重坐敞篷汽車兜風，重溫舊夢的時尚心理趨向，毅然下令馬上生產敞篷汽車。西元 1982 年，克萊斯勒的「LeBaron」新型敞篷車先聲奪人，上市瞬間炙手可熱，一下子銷出二萬三千輛，後來，福特、通用也緊追在後。這可是克萊斯勒多年來第一次走在最前面，對此，艾柯卡感到相當自豪。

不斷變換花色品種，努力提高產品品質是企業翻盤的重要

手段。在汽車新產品方面，一般可以將新產品分為市場型新產品和技術型新產品，這是市場營銷的產品策略中最主要的一條。艾柯卡當然深諳此道，他根據克萊斯勒當時的情況，審時度勢，把開發市場型新產品作為突破重點。結果，公司不斷推出多種新產品，克萊斯勒的產品走向豐富多彩。「LeBaron」、「dodge 600」、「New Yorker」、「Chrysler Laser」等產品琳瑯滿目，大大滿足了消費者的不同口味和要求。繼 K 型汽車打響以後，艾柯卡和史伯利奇又抓住 1980 年代石油價格下降、汽車市場前景看好的機遇，加大「New Yorker」車系下中大型汽車的產量。西元 1984 年，又推出了 H 型客貨兩用汽車，H 型汽車也十分走俏，艾柯卡再創輝煌。

在不斷推出市場型新產品的同時，艾柯卡還嚴控產品的品質。到西元 1983 年，克萊斯勒汽車公司的品質信譽，在同行業中已首屈一指，超過了福特公司和通用公司。

克萊斯勒的復活，成就了汽車界的一個傳奇人物 —— 艾柯卡。他一生注定為汽車而生，一生與汽車結下了不解之緣。這位汽車界的奇才先後在世界兩大汽車公司都創造了不凡的奇蹟。在福特，艾柯卡讓福特汽車在競爭中遙遙領先，設計出了包括「野馬」在內的好幾款品牌暢銷的汽車，被譽為「野馬之父」；在克萊斯勒，艾柯卡更是顯示了其特有的領導才能，將這個瀕臨死亡的汽車公司挽救了過來。

結論

執著是金。執著就是對某一個事物或目標堅持不懈地追求。無數成功者的經歷都表明，執著是一個人事業成功的基礎條件。由於他們能在一段時間裡或者在整個人生階段把自己的全部智慧、熱情及精力投入到某一目標上，正如放大鏡把光線都聚集於一點，這勢必會形成強大的力量，克服重重困難，最終到達成功的彼岸。

西元 1983 年 7 月 13 日，克萊斯勒公司向主要債權人歸還了七年前的貸款。公司向美國聯邦政府、州政府、加拿大的省政府和地方政府；向它的工會、雇員、供應商、銷售商和管理部門道喜，慶祝他們與公司一起工作以提高產品品質和克服過去的財務困難所取得的成績。

克萊斯勒自從翻盤以後，一直都重視探索各種不同的訊息收集方法。公司利用來自世界許多地方的優勢，盡可能學習各個特殊市場的特殊偏好和需求。這也許就是如今這個國際汽車行業中奇蹟跨國集團的祕密所在吧？

克萊斯勒於西元 1987 年透過五個歐洲國家重新進入國際舞臺。公司了解汽車工業是極具競爭性的行業，固守本土市場的公司不可能保持有持續的生命力，必須投入全球市場。因此，克萊斯勒公司開始實施更加積極的國際策略，該策略主要透過與海外市場裡的批發商建立銷售協議而啟動。1996 年中期，克

萊斯勒鋪貨之廣就已遍及世界上 100 多個國家，還是北美到歐洲的轎車與卡車第一出口廠商。

相關連結：
克萊斯勒的大手筆：兼併道奇(Dodge)

西元 1928 年，名噪一時的道奇汽車出現嚴重的虧損，面對道奇負債累累的現狀，幾乎沒有公司願意去接管。而克萊斯勒（Walter Percy Chrysler）卻頂住來自公司內外巨大的壓力，大膽接管道奇。此後，克萊斯勒憑藉道奇原有的實力技術，以及完善的銷售網路，短期內就使道奇品牌的卓越聲望和商業信譽在汽車界再展雄風，如今道奇依然展現著純正的美國文化。

在克萊斯勒和道奇兩大汽車品牌相繼取得成功之後，克萊斯勒憑藉著雄厚的實力又把吉普（Jeep）和普利茅斯（Plymouth）汽車公司拉入旗下。在克萊斯勒經營之下，克萊斯勒公司很快就成為與通用、福特「三分天下」的美國三大集團之一。而與這兩大公司最大的區別在於，克萊斯勒公司推出的每一款車型都帶有著濃郁的美國情調，凝聚著美國汽車文化的精髓，無論從外形設計還是技術工藝上都極具個性。

克萊斯勒與道奇的結合使公司的雙方都獲得了利益，銀行家們認為克萊斯勒是道奇可靠的投資者。克萊斯勒在道奇公司中獲得鑄造工廠、鍛造工廠，和一支完整的銷售隊伍。同時，克萊斯勒也需要道奇的可靠聲望和公眾商業信譽。道奇的負責人迪龍（Clarence Dillon）與克萊斯勒彼此都知道對方在合作協議中的利益所在，但是他們拉長了正式的談判來吸引人們的注意。隨著克萊斯勒對道奇的收購正式生效，公司完全具備了成為通用汽車公司（GM）和福特汽車公司（Ford）的競爭對手的條件。

克萊斯勒深深知道技術突破在汽車發展中的重要作用。在他的領導下，克萊斯勒汽車公司多項領先世界的技術應運而生，如全自動點火控制系統，全螺旋式變速箱，整片式曲面擋風玻璃等等，所有這些技術都在「克萊斯勒 6 型」、「亨利 5 型」等車上得到實際運用。這些技術對世界汽車的發展產生重要作用，為此，克萊斯勒也被美國汽車界尊為汽車大亨級的人物，到西元 1940 年去世時，已將克萊斯勒汽車在美國國內的市場占有率，提升到 25%，成為緊隨福特之後的美國第二大汽車公司。

第七章

危機中崛起的太極虎 —— 三星集團

在韓國，三星電子是國民的驕傲，韓國人不買日製商品，除了愛國的緣故，還有實力堅強的本國工業作為後盾，而在這些後盾中，三星無疑是其中的主幹。

三星今天的成就，與昨日的風風雨雨密不可分。1990年代的亞洲金融風暴打擊了整個亞洲工業，令全亞洲經濟一片蕭條。韓國工業在危機中大受摧殘，三星電子也不能倖免於難。然而，三星人毫不氣餒，收拾好心情，重新迎接挑戰，三星電子不但能東山再起，而且躋身世界500大，在2004年的世界500強排名中，三星電子就排名第39位。

更值得一提的是，三星集團中就有三個掛名為「三星」的公司列在世界500大的排名中，它們是：三星電子（SAMSUIUG ELECTROW-ICS）2021年第15位；三星人壽保險（SAMSOUG LIVE INSURANCE）2021年第416位；三星物產（SAMSUNG C&T）2021年第473位。

在危機中搖搖欲墜的三星

提到三星，人們的第一印象是三星崛起的速度非常快。從當年靠模仿起家的三流企業，到現在世界競相學習的榜樣，這種成長的速度讓各地企業羨慕不已。

三星歷史與韓國經濟發展史緊緊相連。三星艱難起步，之後經歷了一段高速發展期，在這段時期，三星的產品從地攤貨變成了高檔商品。到 1990 年代後期，亞洲爆發金融危機，三星電子在這場危機中無法置身世外，同樣搖搖欲墜……

一、片面求大，經營失調

長期以來，三星電子採取的是成長導向型策略。所謂成長導向型策略，就是與自身管理能力相比，企業過度擴張經營範圍，企業的各種業務領域之間顯得毫無關聯，這樣就可能導致經營問題出現。諸如企業所有權過分集中、企業經營缺乏透明度、金融機構作用有限、外國直接投資不足等等。

與韓國多數財閥一樣，三星的痼疾之一是片面追求生產量和銷售量。三星曾「貪大求全」，涉足過汽車、建築、化工等傳統領域，不僅使大量資金無效營運，而且無法走出產品在狹窄的國內市場上低價銷售而幾乎不營利的局面。只求數量，不求品質；低價競銷，忽視品牌的經營理念深深影響著三星。

在當時韓國的潮流影響下，三星大膽擴展業務，涉及不少紛繁複雜的行業，其中倒也有不少行業為三星帶來效益，成為成就三星的功臣。然而片面地擴大業務，尤其是在沒有經過謹慎的思考和充分調查的情況下，往往為企業帶來許多意想不到的麻煩，造成企業資金缺乏、結構混亂、機構臃腫、人事關係複雜等情況。三星電子在拚命擴展的過程中，除了上述這些外還有一個很重要的問題，就是忽視品質。三星一面要擺脫國際市場「地攤貨」的命運，一面又在拚命地追求數量，不求品質地生產「地攤貨」，兩者之間嚴重相悖，三星陷入兩難。

二、一著錯棋，滿盤皆輸

1993 年，三星集團總裁李健熙宣布三星加入汽車製造行業，這無論在韓國的國營還是私營汽車業界都引起了一陣動盪。韓國的汽車業已經數十年沒有新面孔出現了，汽車製造業也一直由三大巨頭壟斷著：現代、大宇和起亞。日後的事實證明：三星的這一步棋，的確為三星帶了許多不必要的麻煩。

這項決定宣布時，三星集團正因其電子產品中晶片的暢銷而平步青雲。雖然入行較晚，三星卻已經成為了它所涉足各個行業的領頭羊。然而，許多人仍質疑李健熙加入汽車行業的決定。眾所周知，李健熙是汽車狂熱愛好者，一生都夢想著製造汽車，所以商界、新聞界，甚至三星自己的經理人都認為，加入汽車業與其說是理性的商業決定，不如說是李健熙個人狂熱的結果。正如三星一位經理所說：「總裁李健熙因其酷愛汽車而聞名。許多人都認為三星有更多更好的投資機會，加入汽車業一點也不明智。」

但是李健熙卻堅持：「我們即將為了國家的利益推出三星汽車。既然我們在 1970 年代和 1980 年代分別以電子產品和半導體推動了國家的發展，那麼在 90 年代我們當然應該以汽車工業來領導國民經濟。」

在一片質疑聲中，三星於 1998 年推出了第一批汽車，沒有人能預料到汽車事業對三星盈虧和未來發展方向所產生的巨大影響最後竟然會震驚全世界。

當時韓國正處在亞洲經濟大衰退的邊緣，亞洲金融危機已經開始席捲整個韓國，導致韓元大幅度貶值，進口原料價格猛飆。更糟糕的是，韓國國內對小轎車的需求量也因此大大減少，從每年 13% 的增幅（1990 ～ 1995 年數據）下降為 4%。韓國每年汽車的生產量為 240 萬輛，而國內市場的需求量僅為 160 萬輛，供過於求已經成為韓國汽車業的顯著問題。當時有人預測這種市場飽和狀態將會使韓國所有汽車製造商的工廠利用率在 2000 年以後降到 60% 以下。對於三星來說，要想具有競爭力，年產量必須至少達到 24 萬輛，可公司卻沒有足夠的資金在不影響財務的情況下達成。而當時的亞洲金融風暴之巨，就連那些成功的日本汽車製造商，如日產汽車（NISSAN）和馬自達（MAZDA），也因為銷量下降和股票貶值而陷入了重大財務危機。

為了資助新事業，三星不得不向銀行大量貸款，而這必須得到政府批准。可是，政府已經頒布多種政策限制大企業繼續向新領域擴張經營，從而防止過度競爭，保持整個經濟環境的平衡。所以，政府並沒有幫助三星貸款。同時，三星還面臨巨大政治壓力，尤其是要求它放棄不適宜的業務，縮小規模來提高效率。

面對如此情勢，三星汽車要想順利生產汽車簡直是不可能。在重重壓力的包圍下，三星汽車迅速在地球上消失了。

三、金融危機，殃及池魚

亞洲金融危機是三星陷入困境的最大原因，這個不速之客的到來，讓許多亞洲國家經濟陷入困境，韓國沒有例外，三星自然也不能倖免。1997 年，亞洲金融危機波及韓國，泡沫經濟破滅。眾多韓國財團都在風雨飄搖中艱難度日。從 1996 年末至 1997 年第三季度，三星集團業務全面告急，使當時已經步入困境的三星電子雪上加霜。那時候，三星每月虧損 1,700 億韓元，以此類推，3、4 年以後三星就會出現負資產，最後公司也會倒閉。三星集團一名經理朴青石說：「當時的金融危機不是企業的危機，而是國家的危機，也就是國家的支付系統出了問題，所以企業面對的最大困擾是帳戶被凍結，沒有現金使用。」

那是三星史上最困難的時期，長期負債，最糟糕時達到 170 多億美元，幾乎是公司淨資產的三倍，因生產管理不善，導致庫存積壓問題嚴重，曾經在 1995 年創下 22 億美元利潤紀錄的三星電子終於被逼到了破產的邊緣。

危難之際，一名資深員工被董事會緊急從日本市場部召回國，後來他被告知董事會和工會已經推舉他主掌三星電子帥印 —— 這位老員工就是尹鐘龍。

尹鐘龍既目睹了韓國發生的動盪的變革，也參與過三星種種的轉變。朴正熙、全斗煥、盧泰愚的軍事獨裁年代，充滿了韓國人爭取自由民主的血淚，也是韓國經濟成長最為猛烈的時期。受到政治力量支持的財閥，迅速擴張為無所不包的超級公司。而就在尹鐘龍擔任三星電子執行長幾個月後，亞洲金融危機全面爆發了。在政治上，過渡的金泳三年代已過去了，金大中的政治變革終於開始，長期支配著韓國經濟的財閥體系面臨毀滅危機，三星電子此時幾乎破產。而在當時，三星的產品也被國際市場視為上不了檯面的的廉價貨。

經濟危機和在汽車業上的慘敗讓三星集團為了生存下去不得不將公司改組。為了讓財務結構更加健全，他們被迫賣掉了10 個附屬公司，解僱了 5 萬員工。

「星光燦爛」亮遍世界

然而，在危機中受盡屈辱的三星並沒有被打垮，反而變得更加堅強，這一點不得不稱讚韓國人的意志力。危機過後，三星人不是垂頭喪氣、各奔前程，而是比危機前更加緊密地聚集在一塊，他們立志要重振三星、重振本國經濟。

在會長李健熙和新任 CEO 尹鐘龍的帶領下，三星人努力探索使三星東山再起的道路，在經歷了一系列卓有成效的變革和整頓之後，有了正確決策的帶領，在所有三星人的共同努力下，三星電子果然奇蹟般地在危機中重新昂起了頭，成功再生。

一、上任之初的「三把大火」

尹鐘龍肩負振興三星的使命是從日本回到韓國三星總部開始，他的三星 CEO 頭銜從那時開始顯出威力。尹鐘龍上任伊始便根據當時形勢開始大刀闊斧改革，在韓國大地燒起了三把熊熊大火，正是這幾把大火重新點燃了三星的熱情，奠定了日後翻身的基石。

劇變的環境需要徹底的變革，尹鐘龍上臺後燒的第一把火，就是解決庫存。降低銷售價格，大量拋售已有存貨，並積極回收應收帳款。倉庫貨物積壓帶來的直接後果就是資金周轉不靈，企業的資金循環與生產會因此遭到嚴重破壞，最終導致生產系統癱瘓。但是為了重獲新生，三星電子不得不剜骨割肉般地降低庫存、賣掉業績不佳的資產高達 19 億美元，其中包括高級經理乘坐的噴射飛機以及整個半導體部門，廢除了過去頗為得意而現在看來不切實際的管理制度和部門，甚至還關閉了公司的高爾夫俱樂部。此舉使得公司的現金收入大增，債務降到了 50% 以下，債務結構明顯改善。一年之後公司開始轉虧為盈。

第二把火燒到了三星的心臟。尹鐘龍根據形勢重組了三星電子的核心業務。公司業務重組是世界各國企業管理界在改革不良資產時反覆利用的手段之一，它能對調節公司結構發揮巨大的作用。但是，一個企業要重組自己的核心業務，需要高人一等的膽識和非常強的協調能力，因為核心業務往往關係到企業的根本。

大約在亞洲金融危機過去半年後，尹鐘龍領導的三星電子集中力量開發最關鍵的領域。許多舊有資產被他出售或剝離，努力建立平衡的商業以及資產結構，使得三星集團的抗風險能力大幅度增強。在 1995 年，三星財團 60% 以上的收入來自半導體，而到了 1999 年，這種財務收入單一的情況就已得到明顯改善。

第三把火燒得部分三星員工心驚膽顫，三分之一以上的人將會離開公司，也就是裁員。尹鐘龍上任後面對滿目瘡痍的公司，不得不對三星集團進行創業以來規模最大的企業裁員。裁員指標為：三星電子管理層裁員 30%，非管理層裁員 35%，一共裁員 28,000 人。尹鐘龍因此而被韓國商界稱為「裁員強人」，也有人叫他「西方來的管理瘋子」。對此，尹鐘龍表示，儘管當時內部壓力很大，但是如果不進行裁員，公司就不可能生存，所以全體員工必須齊心協力。對於辭職的人，三星盡力將推薦他們給合作機構或其他公司。在裁員時三星很多人抱著這樣的觀點：如果自己的辭職可以挽救公司，個人的犧牲也是值得的。這種品德和責任感都非常了不起。尹鐘龍強調：「我們透過許多培訓和會議不斷把這個訊息告訴員工，三星集團必須抱持著裁員的覺悟才能生存下去，因為我們必須大刀闊斧才能改變公司的金融狀態以及加強公司的競爭力。」

二、重新調整的營銷策略

1990 年代之後，三星將集團經營的理念及管理哲學變革為「我們以人才和技術為基石，創造最好的產品和服務，意圖將三星打造成為『數位時代的領航者』，以此為日益全球化的社會作出貢獻，並與顧客一起挑戰世界，開創未來。」在這一理念的引領下，三星電子採取了一系列卓有成效的管理及行銷策略，最終取得了令人可喜的成績。

在亞洲金融危機中，隨著資金鏈的收緊，三星不得不在困境中大幅度削減生產線，與此同時還力圖提高盈利能力，尤其是要改革三星電子產品定位。為實現目標，三星制定了全新的策略，所有產品都必須統一在三星的旗幟下，核心是「使消費者的生活更方便、更富裕、更快樂」。為了達到這一宗旨，三星對產品的設計制訂了三個目標 —— Wow（驚嘆）、Simple（簡單）以及 Inclusive（親和力）。「Wow」的意思就是說，讓第一次見到三星產品的人都會驚嘆於產品時尚、精緻的外觀設計。「Simple」指的是三星的產品不僅能以精緻取勝，更重要的是使用方便、操作簡單。而「Inclusive」的目標則是，儘管三星的產品都是高科技，但它與人們的日常生活非常貼近，能讓你充分享受自己的生活。

由於與眾不同的個性化設計，三星的產品贏得了巨大的商業利益。然而產品的優異設計與包裝、廣告、行銷一體化運作密切相關，因此，外部設計也必須被整合進整個業務體系之中。「打造一個高檔品牌，讓人們一提及三星，就知道它代表的是一流、前衛、高檔的產品。」三星的品牌策略重新調整，此後產品不能隨便在低價市場銷售，而是要以精品市場為目標和標準生產，最終躋身於精品市場。眾所周知，精品市場的空間有限，但三星的決心表明，儘管如此，三星也有信心將這個小空間做大。為達目的，三星重新調整一系列措施，包括將自己的產品毅然撤出平價賣場的貨架，而轉向更高檔的銷售管道出售。

這一做法的理由很簡單，因為沃爾瑪的低價折扣路線損害三星高端產品的形象，這在三星是不允許出現的。在美國，三星和專業科技商場廣泛合作；在中國，三星更是將自己的產品集中在諸如北京、上海、深圳、廣州等大城市，而放棄開發程度較低的中西部地區。三星的廣告也拍得活力十足，很對當代年輕人的胃口，受到普遍的歡迎。三星這些經過調整的行銷策略和手段，只有一個共同的目的 —— 讓消費者將三星產品和高檔、時尚、個性、前衛聯想在一起。

三、不得不服的品牌管理

反思三星的翻盤過程，在品牌管理方面它的確走過一段彎路。比如在 1980 年代末、1990 年代初，三星生產了大量的微波爐出口美國，後因產品滯銷導致大規模降價銷售，嚴重影響了三星產品在美國市場上的品牌形象。為了徹底扭轉這種局

面，改變三星產品在消費者心目中廉價商品的壞印象，三星聘用了一位在韓國出生，有著在美國科技和軟體公司 30 多年工作經驗的專業經理人金炳國先生，委派他擔當重塑三星國際形象之重任。身為三星全球行銷執行副總裁，金炳國不負眾望。他將三星 55 家廣告公司整合成一個統一的組織，在全球開展共同的廣告宣傳。動用超現實的宣傳廣告，在全球消費者心目中深深地留下了品質高貴的印象，而這正是三星的目的所在。

挑選合適的形象代言人，可算是三星品牌制勝的法寶之一。素有「冷美人」之稱的香港影星陳慧琳是三星最有眼光的選擇，儘管前面的代言人都曾給三星帶來效益，然而選擇陳慧琳絕對是慧眼獨具。陳慧琳一入香港娛樂圈馬上脫穎而出，成績斐然，不僅唱片銷售一空，位及「天后」，而且演技成熟，票房可觀。最值得稱頌的是在是非議論滿天飛的娛樂界，居然聽不到關於陳慧琳的半點緋聞，這一點作為品牌代言人真是難能可貴。基於此，陳慧琳在眾多亞洲年輕人的心目中贏得了「玉女」的稱號。

2001 年，陳慧琳以健康積極的形象，被評為香港第 30 屆十大傑出青年之一，成為首位獲得這一殊榮的女歌手。陳慧琳清秀的面孔，動感十足的舞蹈加上冷峻的眼神，成為具有「酷」和「炫」時尚風格的最好代言人。三星憑藉著陳慧琳的良好形象，將三星電子產品植入廣大年輕人的心中，伴隨著陳慧琳「打開數位新世界」這超酷廣告語，三星如願以償地進入了中港市場。只要一提起陳慧琳，人們便會很自然地聯想到陳慧琳的三星廣告。眾所周知，一個品牌形象代言人能否成功取決於諸多因素，其中代言人形象和產品的氣質是否吻合是最關鍵的。三星要表達的氣質與陳慧琳的形象配合得天衣無縫，最終取得了廣告的成功。

品牌制勝之道的另一個有效方法就是保持產品的高檔形象。一般而言，產品的高檔形象與產品的價格成正比，要保持，價格的高低就不容忽視。提高產品的價格又必須在品質、功能、創新方面下工夫，否則難以讓消費者買單。三星對時尚、新潮、創新的追求成功實現了它的品牌之路。金炳國表示，高價位的巧妙之處在於「創造了一種高檔形象，反過來刺激銷售。」

從某種程度上來說，品牌是靠宣傳而讓消費者熟知的。宣傳的方式有各式各樣，三星最有力的兩種宣傳方法，除了聘請明星代言人利用電視廣告宣傳之外，還有一招就是贊助奧運。奧運是全世界的體育盛典，收看奧運的人遍布世界各個角落，利用奧運宣傳，其宣傳廣度可以說是空前絕後。2002 年 10 月 23 日，三星電子與國際奧委會在北京嘉里中心簽下協議，獨家為 2006 年的都靈冬季奧運以及 2008 年的北京夏季奧運提供無線通訊設備和技術支持。對此，三星電子副主席兼執行長尹鐘

龍坦言：「透過對奧運會贊助活動的參與，三星電子大大提高了在全世界的知名度，日益成為全球性的公司。」事實證明，三星這一妙招取得了品牌宣傳之戰的勝利。其實早在2000年，三星就在全球16個目標市場的無線通訊業務上大幅進步；而2002年在對鹽湖城冬季奧運的贊助上，三星的品牌好感度由2000年奧運會的52.6%上升到72%，成績喜人。

四、尊重規律的重視人才

三星能有今天的成就，與其尊重企業成長規律、重視培養人才的成長策略分不開。對於一個企業來說，資金和人才都非常重要，但權衡一下，兩者之間人才是最重要的。需要錢，可以借，也可以上市融資，但企業若是缺乏人才，雖然也能聘請外面的專家，然而這樣長遠問題還是無法得到解決。因此，企業應該建立自己的人才培養體系，培養自己的人才，讓他們在企業裡擔當重任。李亨道說：「有人問我三星是怎樣克服金融危機的？我說，三星公司沒有更多的祕訣，只有一點，那就是把培養人才作為企業最重要的事情，讓自己培養的人才成為企業所需要的棟梁。」

要培養人才，首要的任務是先招攬優秀的人才培養對象。招攬優秀人才培養對象有兩種管道，其一是到學校招攬一些優秀的人，這些人必須具備良好的本領，各有所長，而且對事業充滿熱情和信心；其二，是到社會上公開招攬有一定能力的人。三星人才培養對象的主要來源是大學，公司到各高校公開招攬人才，然後再施以專門教育，以適應公司發展。三星有兩套教育課程，一套是教育招攬來的優秀人力與業務有關的職業技能，另一套是教育他們企業文化，讓他們充分認識三星的精神。

三星集團旗下擁有數十種培訓中心，講師達數千人之多。除了招攬人才和對人才的培訓，第三步就是落實培養人才的目的——為他們提供適當的職務，讓他們在各自的職位上充分發揮個人特長。從公司的高階主管一直到具體的部門管理人員，三星皆賦予他們與其職務相應的權力空間，讓他們充分發揮所長。由於從最基本的職位就開始培養，並在他們嶄露鋒芒時賦予他們一定的權限，所以，當他們能做到更高一階的主管時，已經完全具備勝任這個職位的能力。

與培養人才緊密相關且同等重要的就是對人才的正確評價，三星的管理方針是給每一個人一個目標，然後按照他的業績來評定。

員工若得不到公正評價，勢必會影響他們工作的積極度，以後工作就無法展現熱情和投入。三星設立明確的獎勵制度，制度分兩部分，一個是團體獎勵，一個是個人獎勵。如果完成並超過了目標，則超額部分的 10% 或者 20% 可以作為團體獎勵。個人獎勵則是按照個人業績在年終結算。

從基層一步一步升至三星集團副會長之職的李亨道，對三星的用人之道深有感觸，他說，「三星的體制是專門經營人的體制，把企業的經營權大膽交付。我在位期間，幾乎不用上報任何人、任何部門就可以決定公司上百萬美元的投資項目，這種非常大膽的權力下放是三星成功的重要因素之一。」

同時，三星非常重視對研發人才的重用和獎勵，據美國波士頓諮詢公司的研究報告，三星電子公司在海外共設立了 38 個研發中心，從事研發的職員總數占員工總數的 35%，達 17,000 人。公司能以每年推出 20 種以上新產品的速度從眾多製造商中脫穎而出，和重用、獎勵研發人才是分不開的。

五、居安思危的「生魚片」說

有句老話說，生於憂患，死於安樂，這句話也徹底運用在三星集團的經營。尹鐘龍在三星危難之際上任之初，總是提醒手下的經理們，「我們隨時有可能會破產」。這不是嚇唬人，更不是杞人憂天，在風雲變幻，命運難測的商海，憂患意識對於一個企業來說必不可少。

對於三星面臨的危機，尹鐘龍表示，不只是現在危機已經發生的時候，三星應該隨時保持危機意識。他說：「我鼓勵公司成員們利用此次危機來促使變革的發生。三星就是要在管理中灌輸一種『我們隨時都會破產』的危機觀念。」在危機意識下，三星開展了以未來為導向的經營策略，尤其是李健熙會長就任三星的總裁之後，對未來的發展做出很多準備，他重視企業的經營，而且還非常重視人才儲備。

尹鐘龍的工作不僅是力挽狂瀾，而且要使三星立於不敗之地。他說：「我們不能沒有危機意識，危機意識能幫助我們改變。一切順利之時就是事情的出錯之日。」

從現代競爭激烈殘酷的現實中，很容易發現一個可怕的現象：產品更新換代的週期越來越短。有人抱怨不久前剛買的新手機，轉眼就下跌了幾千塊。的確，今日高價熱賣的寵兒很可能在短短數月內就淪落為低價售賣的明日黃花，這是誰也無法改變的市場法則。

「生魚片」一說就是三星維持高利潤的絕招，尤其是在更新換代迅速的電子產業，這種說法頗為形象。所謂的「生魚片」理論指的是，一旦捉到了魚，就應該在第一時間內將其以高價出售給第一流的豪華餐館；如果不幸未能脫手的話，就只能在第 2 天以半價賣給二流餐館了；到了第 3 天，這樣的魚就只能賣到原來 1/4 的價錢。如果再賣不出去，那就變成不值錢的「魚乾」了。鮮魚一經捕獲，每天跌一半的價，而電子產品的開發與上市，也應該是同樣的道理。

在運用這一理論方面，恐怕沒有哪家電子廠商做得比三星更好，這也是三星能夠迅速翻盤並重新崛起的重要原因之一。兵貴神速，三星總是努力將自己的產品看做是市場上的新鮮生魚片。在全球高檔電子市場上，三星不斷率先推出各種優勢產品：記憶

體晶片、數位攝影機、高價手機、高解析度螢幕，每次都讓市場措手不及，但三星卻憑藉自身的時間優勢賺取了最高利潤。

三星電子是韓國人的驕傲，它創造了韓國企業在世界 500 大中排名最靠前的紀錄。1997 年的時候，它還處在嚴重財務危機之中，處在破產的邊緣，即使不是危機時期，它也只不過是平價電視與空調的普通品牌。而如今，三星重新崛起，並且一日千里！

結論

有人用韓國人很霸氣作為三星電子成功的解答，其實不然。韓國人信奉的一句格言是：超過對手，而不是趕上對手。三星成立於西元 1969 年，僅比英特爾晚一年，然而 2021 年半導體營收公司排名中，三星卻擠下英特爾奪下冠軍。

凡事豫則立，不豫則廢。選定一個目標，然後超過它，這是了不起的成功。盯緊日本，是韓國一貫的策略，盯緊日本同類企業，則是三星過去一貫的策略。三星公司以其人之道，還治其人之身，以日本人的專長 —— 精美的設計和精品的價格，作為自己與日本競爭的武器。三星成立第一年，就和日本三洋公司合作，後來又陸續和 NEC、東芝、夏普和索尼往來，三星集團董事長李健熙和副董事長尹鐘龍，都曾留學日本。

日韓作為淵源深厚的鄰邦，雙方對彼此文化也最熟悉，合作對雙方都有好處。就拿 2002 年共同合辦世界盃足球賽來說，如果無法從日本取得技術，三星也會想辦法向美國買，並且不計血本從美國引進，然後再大舉投資，以最快的速度建立起灘頭陣地，以十倍速殺進戰場。仔細研究一下三星電子的發展歷史，就會發現三星處處展現了這種諾曼第登陸式的蠻勁。

韓國人的意志力令人欽佩。三星人人早出晚歸，每天工作到深夜，一心想著超越日本企業，許多人週末照常加班。為保證員工的健康及家庭生活，三星制訂了新的上下班時間，將上下班時間調整為早上七點到下午四點、或上午八點到下午五點，時間一到辦公室熄燈關門，強迫員工下班。然而許多員工下班後轉至附近租一間飯店房間，繼續白天的工作。「多年習慣很難一下改過來」，在當年漢城總部的高裕燦回憶說。為了一個共同目標，三星員工可以廢寢忘食，單憑著這樣一股強韌之性，三星就能夠東山再起。

隨著三星的家電、手機、顯示器以及其他電子類產品打進外國市場，這個韓國電子巨人如今已經舉世聞名。對於後來居上的三星，不少日本人的態度是：「這是個處處模仿我們，靠著日本企業技術起家的公司。現在三星市場的所謂成功其實是韓國政府大力支持的結果，這對我們來說是不公平的競爭。」也許日本人說得沒錯，事實上三星的成長的確利用了不少日本的技術，但光靠政府的支持，三星也難以獲得如今的地位，如此茁壯的企業，很難說沒有他們自己的實力。

正因為如此，三星更應引起各國企業的重視。三星走過的路對企業應該是一個很好的借鑑。與對手的競爭其實也是最有效的學習機會，而這個對手又恰恰已經完成從市場追隨者到市場領導者的轉變。

相關連結之一：三星電子發展簡介

1969 年 三星電子成立。

1970 年 三星與日本的 NEC 合作；開始生產 P-32 型黑白電視機。

1971 年 首次出口 P3203 型黑白電視機。

1972 年 在韓國本土市場推出黑白電視機。

1973 年 總部遷往水原。

1974 年 開始生產冰箱、洗衣機。

1977 年 首次出口彩色電視機。

1980 年 收購韓國電訊公司。

1982 年 在德國設立銷售分公司。

1983 年 開始生產個人電腦。

1984 年 公司改名為三星電子有限公司，並在英國設立銷售分公司。

1986 年 在澳洲、加拿大設立銷售分公司。

1988 年 在法國設立銷售分公司。三星半導體及電訊公司與三星電子合併。

1995 年 推出全球首部 33 英吋雙螢幕電視機。

1997 年 出口全球最高速中央處理器。

1998 年 生產世界首創的數位電視機；首度推出 1G SDRAM 樣本。

1999 年 售出的行動電話數量突破 5 百萬；修建全新半導體大樓。

2000 年 開始在海外生產行動電話；開發出世界上最高速的 IC Alpha chip；CDMA 首次進入美國。

2001 年 推出第三代行動電話。

2002 年 取代西門子的地位，與 Nokia 和摩托羅拉一併成為全球三大移動電話製造商；開發出了世界上第一個移動 FRAM；在《彭博商業周刊》年度世界 IT100 大的排名中，三星排在第一位。

2005 年在世界 500 大排行榜中，三星電子從 2004 年的第 39 位下降至 2005 年的第 46 位，當年營業收入為 787.17 億美元，比 2004 年增長 10%。

2010 年推出首代 Galaxy 手機。

2022 年成為全球首家量產 3mm 晶片的半導體晶圓代工廠。

相關連結之二：三星家族

亞洲有三大著名的李氏家族，分別是香港長江集團的李嘉誠、新加坡建國之父李光耀和韓國三星集團創辦人李秉哲家族，各自在本國和地區乃至全亞洲，都具舉足輕重的政經影響力。

三星之父

「三星」之所以有今天這樣的成就，首先應該感謝一個人，他就是三星人所念念不忘的集團創始人 —— 李秉哲。

西元 1910 年 2 月 12 日，李秉哲出生在韓國慶尚南道宜寧郡一個仕紳家庭，他的祖父是一位文人。李秉哲小時候就是在其祖父開辦的的書院「文山亭」裡度過。1936 年 4 月，李秉哲與幾位朋友共同創辦了「協同精米所」，由於經驗不足，加工廠第一年就虧了本。憑著自己在東京學的那些知識，他改變了經營方針，第二年不僅賺回了投入的 3 萬元本錢，還有了 2 萬元的盈利。1938 年 3 月 1 日「三星商會」成立，「三」在朝鮮意為大、多、強，「星」則是清澈、明亮、深遠、永放光芒之意。李秉哲以三星命名，寄含著他對自己事業的希望和憧憬。

西元 1951 年，李秉哲在釜山大街路建起了三星物產株式會社。他充分發揮超群的經營才能，一年之間，使 3 億元的資本變成了 60 億元，足足增長了 20 倍。1960 年代，韓國經濟開始高速發展，國內各行各業都充滿大好機會，最為熱門的當數建築行業，但最缺乏的是化肥，全國上下都依賴著國外進口。目睹這種狀況，李秉哲決定插手肥料工業，籌建肥料廠。這一次他創造了世界上規模最大、設施最新、工期最短三項紀錄的「韓國肥料」。

1970 年代，三星還在為日本三洋公司打工，製造廉價的 12 英吋黑白電視機。然而到了後來，靠著為著名國際品牌製造芯片及電子產品，三星大大地拓展了自己的規模，成為韓國最成功的製造企業。邁入 1980 年代，為振興經濟盡一份力，也為了三星今後的發展，李秉哲提出「為了圖謀出路，並開創韓國經濟的第二次起飛，我們只有走開發頂尖科技這一途徑」。在此基礎之上，三星集團投入鉅資，積極進口美國先進技術，使韓國成為了繼美、日之後，第三個能獨立開發半導體的國家。三星由於實力強大，經營健康，被稱為「韓國業界的大白鯊」。

西元 1987 年 11 月 19 日，三星之父 —— 李秉哲因肺癌與世長辭。

李健熙「第二次創業」

西元 1971 年李健熙被父親李秉哲指定為繼承人，1987 年父親去世後全面接手集團的工作。1997 年開始的亞洲金融危機則使他再次重整三星，他對員工說：「為了公司，生命、財產，甚至名譽都可以拋棄」。

李健熙意識到在一個關係企業繁多、人際錯綜複雜的公司，簡單的修補並不足以改變大局。於是，他在法蘭克福召開的年度會議上提出了以「變化」為核心的改革方案。「三萬名人力製造的產品，需要六千人服務，競爭力究竟在哪裡？」李健熙質問道。這項改革當然遭遇了巨大阻力，但是他不惜撤換不支持改革的部下，以表明變革的決心，並乘機打破三星原有的論資排輩的風氣。

李健熙的影響力遠遠超越了一般的商業領域，他在三星實行每天 7 點上班 16 點下班的新工作制，改變了整個韓國的作息時間安排，在 2003 年他又率先推行了 5 天工作制。在 2001 年，李健熙雄心勃勃立志要把韓國建成類似瑞典、芬蘭的「強國」，他重組三星所表現出來的危機感與勇氣，獲得了廣泛的社會認可，一些人稱之為韓國的「經濟總統」。

李健熙被稱作韓國的經濟總統，而三星電子則是韓國最大，也是最具指標性的公司，是韓國邁向資訊時代的標誌。商學院與經濟媒體總是過度推崇制度的重要性，總是本能地懷疑過強的個人作用，但最終卻總是發現，如果不依賴於不可量化、充滿不確定性的公司領導者個人，一切成功都無從解釋。

第八章

橫空出世的汽車教子 —— 日產

日產（NISSAN）汽車於西元 1933 年創立，從 1950 年代開始，一直尋求國外技術的幫助提升自身產品技術。此後的 40 餘年，日產汽車一路狂飆突進，不僅成為日本僅次於豐田的第二大汽車製造商，而且也成為全球十大汽車製造商之一。但到了 1990 年代，日產油盡燈枯，幾乎走到死亡邊緣。

1999 年，日產來了個不怕死的法國人，他就是卡洛斯 · 戈恩（Carlos Ghosn），面對滿目瘡痍的日產，他只用了一年多的時間，將一家觀念閉塞、作風保守的日本企業從死亡的邊緣拉了回來。戈恩是繼挽救克萊斯勒的艾柯卡之後，汽車界的又一位傳奇人物。

夜郎自大，日產陷入危機

1990 年代，日本泡沫化經濟逐漸出現破滅跡象，從 1991 年起，日產連續虧損了 7 年。日本企業固有的體制嚴重制約著日產的前進，公司上下頑固不化的觀念讓這家曾經輝煌的企業猶如一潭死水，毫無生氣。加上幾十年突飛猛進的發展，漸漸助長了日產驕傲自滿、夜郎自大的情緒。終於，日產在墨守成規、自以為是以及外來壓力的夾擊下，一敗塗地，不得不走上了出售的道路……

一、故步自封、墨守成規

1970、1980年代，日產、本田、豐田相繼推出優秀的產品，在國際汽車市場上異軍突起，衝擊美國的汽車製造商。日本的企業經營模式也因此被各國大肆研究，得到了廣泛推崇。由於日本的汽車製造技術和設計理念領先於美國，有些美國公司甚至完全抄襲日本的那一套。但是在泡沫經濟之後，日本人卻因墨守成規而嘗盡了苦頭，日產就是這樣以曾經風光一時的汽車大廠身分面臨破產的邊緣。

第二次世界大戰，日本戰敗投降，美國要求日本立即解散若干財閥，以防止財閥再次成為日本發動侵略戰爭的經濟基礎。在這一背景下，日本一些具有共同理念的公司建立了「企業集團」的關係。實際上是換湯不換藥，以前的財閥如今搖身一變成了「企業集團」。日本某些企業一直靠這種方式存活著，尤其是汽車行業。

「企業集團」抵制外來產品和原料，組成成員也多是銀行和大廠商們，採取的是成員交叉控股的方式，目的就是防止被外國公司兼併，「肥水不流外人田」。但是，這樣的體制與市場競爭規律背道而馳。在這種體制下，資源並沒有得到較好的分配，「企業集團」的內部成員必須保證對其聯合對象的採購，擔負著極其沉重的採購成本。比如，日產曾對富士重工進行過股權投資，投資額高達2.16億美元，而後者製造Subaru轎車

和卡車，是日產的直接競爭對手。日產一面苦於缺乏資金更新自己的產品，一面卻又耗費如此鉅資換取競爭對手僅僅 4% 的股權，這樣做實在沒有任何意義。

日產汽車在日本也算是小有名氣，尤其憑藉幾十年的突飛猛進，已經是日本汽車界一匹公認的黑馬了。但是，由於經營持續虧損，債務負擔不斷增加，日產公司長期處於流動資金極度匱乏的危機之中。然而，情況本不該是這樣。事實上，日產有大量的資本，問題是這些錢都被套牢在非核心業務的金融和房地產投資中，尤其是在對合作夥伴的投資。

財團制可謂日本企業界永恆的風景。由於「企業集團」的緣故，在許多領域，日產與汽車令人費解的脫離關係，跟許多非汽車行業倒有合作，持有 1,340 多家的公司股權。這種集團互助的傳統要求日產必須無條件採購合作夥伴的原料，不能以合理的價格轉向外界採購。這樣一來，日產反倒因為「集團」背負了較高的採購成本，導致公司無法獲利。同時，為了保持這種關係，各企業的老總都享有大筆用於交際的資金，辦有自己的俱樂部。

其實，很多人都知道日產出了問題，知道問題出在什麼地方，而且也想出了各種解決的方法，但是，就是沒有人提出來。每個人都不敢打破常規，不敢改革。1998 年，日產為了度過危機，被迫向日本開發銀行貸款 7 億多美元。

由於傳統觀念的束縛，日產為自己的故步自封付出了沉重的代價。1996 年，日產在全世界一共賣出汽車近 270 萬輛，然而到 1999 年，只賣出 240 萬輛，少了 30 萬輛左右。由於生產線不足，1997 年和 1998 年在美國銷量大跌。日本本土的情況就更不容樂觀了，1996 年的銷售量為 110 萬輛，到 1999 年卻只有 75.8 萬輛。到 1999 年，日產一共虧損了 6,800 多億日元，創日產歷史上赤字之最。

二、債臺高築，瀕臨崩潰

無論是產品還是人事方面，日產幾乎都存在「分離現象」。企業最講究「合作」。這個「合」字，不是指各個分公司都要合在一起，而是指將優勢集中，人心合一。然而，日產的情況恰好相反，14 萬人的公司優勢分散，猶如一盤散沙，人人各行其是，組合起來也毫無意義。在日產，合作意識幾乎蕩然無存，員工之間存在嚴重分歧，互相指責、謾罵。部門與部門之間彼此推卸責任，互相推諉，業務部認為是銷售部門的錯，銷售部門將責任推到研發部門，研發部門又推到工程部……莫衷一是。久而久之，人心沮喪、信心全無，同時導致公司長期負重、瀕臨破產。

由於公司連年虧損，無力振作，再加上日本經濟的不景氣，日產本來已衰弱不堪，而當時亞洲金融危機波及日本，更讓日產本身灰頭土臉的經濟狀況雪上加霜。金融危機的衝擊僅僅是日產陷入困境的外來因素，更重要的是日產內部無可救藥

的企業文化和傳統理念，公司的管理層也日益流露出身心俱疲、逃避現實、得過且過的傾向，當時情形對日產極為不利。

當時，日產已被過多不必要的投資拖垮身子，幾近癱瘓，不但資金無法周轉，而且還嚴重阻礙了對新興市場的研究開發。這在經濟高速發展的年代不算什麼，然而到了泡沫經濟破滅的 1990 年代，繼續在經營不善的公司持股就是冒險了，日產在這方面也付出了沉重的代價。為了維護那種落後的企業關係，日產不得不大量貸款以維持生存。

一組數字顯示：西元 1974 年，日產汽車在國內市場上的占有率高達 34%，但是，到 1999 年的時候，下降到 19%；全球的市場占有率也由 1991 年的 6.6% 跌落到 1999 年的 4.9%。在 1991 到 1999 的 8 年之間，有 7 年時間日產公司處於虧損狀態，虧損額在 50 億美元以上。虧損導致最直接的後果，就是債臺高築。

三、迫不得已「賣身」求生

由於市場的放緩以及自身產品的原因，日產汽車在 1999 年之前曾出現連續 7 年的虧損。當時全球汽車界有一股「合縱連橫」的風氣，不少汽車巨頭都採用了這一策略擴大再生產，規模最大、最顯眼的汽車整併是德國戴姆勒 —— 賓士集團與美國克萊斯勒的合併。日產為了擺脫厄運，也不得不尋求併購者。然而，巨額的虧損使得聞訊前來欲行收購的美國福特和德國戴姆勒集團都搖頭不止，日產成了想賣都賣不掉、無人敢要的「包袱」。

當時擔任法國雷諾汽車執行副總裁的戈恩，抱著與福特總裁納瑟(Jacques Nasser)、克萊斯勒董事長伊頓(Robert J. Eaton）等人不同的觀點，提議由雷諾接手這家千瘡百孔、瀕臨破產的日本汽車企業。剛開始雷諾總裁路易．史懷哲（Louis Schweitzer）有點猶豫，而日產方面也認為雷諾太小，不太願意與他合併。然而，由於雷諾的努力以及日產急於出售的迫切心理，雙方終於願意坐下來談判。

1998 年秋天，雷諾與日產正式開始了交易日產的雙邊談判，雙方的代表分別是雷諾總裁與日產董事長塙義一。當時的日產還在努力爭取與戴姆勒 —— 克萊斯勒的合作，同時又向福特頻頻拋媚眼，希望能夠成功被上面兩家企業的其中任一收購。同時，日產為了替自己留條後路，也不敢立即回絕雷諾。日產的計謀是腳踩三條船，希望同時將三個救命錦囊拽在手中，靜觀其變。

站在雷諾的立場上來看，既然打算接手日產就必須全力以赴，不想抱著試試看的心態浪費精力。雷諾既看到了當時的現狀，也察覺到了日產搖擺的心態，為了將日產打造成為自己擴充海外市場的最佳拍檔，雷諾作了非常充分的準備，勢在必得。

經過雙方幾番誠意的談判，在福特和戴姆勒 —— 克萊斯勒的無情拋棄和雷諾的積極爭取下，日產最終還是與這家規模不大的法國企業結合，組成了雷諾 —— 日產汽車聯盟。

「成本殺手」戈恩挽救日產

1999 年，日產汽車由法國最大的汽車工業集團雷諾汽車購得 36.8% 的股份，組建了雷諾 —— 日產汽車聯盟。隨著這一聯盟的建立，戈恩來到了日產，這個不懂日語的法國人成了日產的總裁，在日產領導了一場驚世駭俗的汽車革命。

一、深入地了解情況

1999 年春，卡洛斯．戈恩飛抵日本東京，開始了他的「拯救日產」之旅。在來日本之前，戈恩已擁有諸如「成本殺手」、「破冰者」、「破壞者」等綽號，到日本之後，他又獲得了「西方企業劊子手」的「光榮稱號」。戈恩是第一位當上日本汽車公司領導者的外國人，單憑這一點，對戈恩來說就是一個不小的挑戰。

面對日產病入膏肓、沉痾不起的慘相，戈恩無暇顧及一套套按部就班的改革藍圖，然而他也並非驟下判斷、盲目行事，還是沉著從公司內部各階層員工下手尋求解決之道。第一步就是走訪公司各階層的員工，以徵詢更多意見。戈恩一到任就前往世界各地的日產分支機構視察，在日本、歐洲、北美等地的設計中心和製造工廠與員工面對面溝通。經過戈恩的努力，日產員工們逐漸了解，這位「成本殺手」不是只會消減成本的野蠻人，而是一個風度翩翩、知識淵博、對員工放心、任員工自由發揮所長、一心要拯救公司的領導者。儘管戈恩總是展現強勁明快的作風，然而他那四海一家親的親和魅力讓員工們都覺得貼心，使他們認為原來這位「成本殺手」也有人情味。

戈恩在不去各地訪察的期間，則是待在東京的總部與員工交流溝通，以了解公司過去的歷史以及員工們對公司未來的憧憬。面對這位新來的 CEO，日本員工們一改往日迂迴曲折的表達習慣，對他直來直往的表達方式很歡迎。為了融入群體，戈恩不僅努力學習日語，而且主動參與社區活動，參加公司的足球比賽，還學習拿筷子吃東西。戈恩適應當地風土人情的同時，也積極努力兌現改革承諾，觀察公司的企業文化，找出公司跌落的原因。他認為只有了解病因，體察病情之後，才能有效地對症下藥，達到事半功倍的效果。

二、極力倡導團隊精神

找到問題之後就是著手解決問題。戈恩原本頂著企業救難大使的頭銜進入日產，所以他一舉一動都備受外界關注。這位「成本殺手」上任之後，公司所有人都盼望他大刀闊斧行動，希望這位主事人立刻下達一系列的改革方案，讓大家上行下效。

戈恩雖然也想大手一揮力挽狂瀾，然而在了解情況之後，他的改革觀卻有了改變。他沒有立即重組企業，也沒有立即縮減成本，而是成立跨部門團隊，充分授予員工們一定的權力。外界對此的評價是：「這麼做行不通。」戈恩就任後立刻成立

9 支跨部門團隊，每隊大約有 10 名成員，要求他們自由發揮創意，即刻找出拯救公司的辦法。

關於成立跨部門團隊的用意，戈恩說：「是要強迫日產的每一位員工跨越彼此的界限，與他們平日不常甚至不會接觸到的人員及部門交流、談論、分享訊息。在日產，不應該擔心越俎代庖。」通常營銷部的人只跟營銷部的人共事，而技術部的人也只跟技術部的人打交道，甚至在同一公司不同部門之間還會發生互不合作的情況，這對公司的發展極為不利。當決策者、主管、員工全都守著自己的領地和條條框框孤芳自賞時，公司就要遭殃。

日產跨部門對策團隊在成立之初被視為一個怪異的組合。不僅僅是日產，過去的日本公司一向都是主管與主管商議、員工與員工討論，主管很少與低階員工一起坐下來共同討論公司的發展問題。而戈恩這種成立跨部門對策團隊的做法，可以說是對日本企業管理觀念的極大挑戰。

9 支團隊負責的領域包括：企業發展、採購、製造、研究、行銷、總務行政、財務成本、產品逐步淘汰與零件集中管理、組織編制等內容。團隊人數被限制在 10 人左右，一方面是為了有足夠的人員提供不同的意見，另一方面是考慮到團隊太龐大不僅浪費人力資源，而且不易迅速展開討論。

這 9 支團隊的任務是：在 3 個月之內檢討日產原有的運作方式，找到問題的癥結，拿出轉虧為盈的具體方案。戈恩給他們的權力是：無需避諱、沒有禁忌、不受限制。這樣一來，團隊大多數成員認清他們確實獲得了充分的權力，可以放開手腳大膽做事。公司上下在彼此打破隔閡和消除成見之後，隨即展開腦力激盪，不斷提出改革構想。

戈恩還要求各個團隊努力發揚合作精神，廣泛研究問題，鼓勵他們針對振興日產提出具體方案。他常對員工們說「想想你們能為公司做些什麼」，這雖然只是一句簡單的話，卻造成了巨大的激勵作用。在日產公司，不僅是跨部門的對策團隊，幾乎所有的員工都源源不斷地提出改革方針。一旦有人態度不夠積極，戈恩就會加以誘導，以便擴大這些建議的深度和廣度。大部分團隊的成員實踐了戈恩的理念，坦率地提出不少建議，有些意見還付諸文字。

9 個團隊在評估了 2,000 多個構想之後，終於完成了任務，並將各種可能實施的方案呈遞給戈恩及決策委員會。戈恩這招團隊合作，直接促成了日產公司振興方案的發表。

三、完全透明的振興計畫

經過公司上下集思廣益，戈恩終於 1999 年 10 月公布了「日產振興方案」。日產汽車將借此東風扭轉乾坤，「成本殺手」這回砍掉的不只是日產的成本，還包括日本傳統的企業文化。一位資深的日產員工透露：「日本人不喜歡這種人事變更。即便迫不得已要裁員，或是有人表現不好，也不會這麼做，大家都希望船到橋頭自然直。」

振興計畫發表以後，戈恩以完全向外界公開的態度開始實施方案。他說：「保持透明應該是現代企業所要面對的重要課題之一。我們希望日產管理政策公開，避免外界產生疑慮。」日本傳統企業陷入困境時，通常的做法是向外界隱瞞事實，以避免從外界來的影響加大麻煩。然而戈恩的做法卻恰恰相反，他與其他主管直言不諱地討論日產的弊病，有時甚至毫不留情地抨擊令人難堪的問題。

「日產振興方案」的第一項重要措施是提高利潤與降低成本的雙劍合璧。要使過去 8 年中有 7 年處於虧損狀態的日產不僅迅速扭虧為盈，還要提高利潤，這顯然是件難事，唯有靠大家的努力。在降低成本方面，戈恩制訂了「三節省」計畫，即節省國際採購成本、節省製造成本及節省一般行政開銷。為此日產關閉了 5 個工廠，在全球範圍內裁員 21,000 人，光在日本本土就解僱了 16,000 人。

振興方案中，降低採購成本牽涉到日產和多家供貨商之間的關係，因而成為最棘手最複雜的一環。戈恩表示，在未來 3 年內（從 1999 年起）日產將降低 20% 的採購成本，並減少大約一半的零件與原料供應商。供應商們一聽到這一噩耗，立即對日產搖尾乞憐。對此，戈恩採取「你們退一步，我們也退一步；你們犧牲越多，好處也越多」的採購策略，承諾日產願意協助這些企業夥伴達成新的目標，並且將提供更多的生意給那些願意共同致力降低日產採購成本的供應商。

振興方案中的另一步是簡化工藝流程及開發全新車種，也就是將日本國內 7 家組裝廠的 24 座製造平臺，壓縮為 4 家組裝廠和 15 座平臺，這樣公司就可以共享製造平臺，以達到降低製造成本，加快生產運作的目的。開發全新車種也是振興方案的重要內容之一，它關係著日產公司能否振興的前途。眾所周知，不斷創新的產品是企業立足的根本，作為汽車公司其最終目的就是針對不同用戶的愛好，不斷推出新款汽車，以建立品牌形象。按照計畫，日產公司將在 1999 ～ 2002 年這三年時間中推出 22 款新車，更新並開闢國外生產線。為達到目的，日產計劃在振興方案公布一年之後，斥資 10 億美元興建美國密西西比坎頓（Canton）廠。

光是擬定幾個振興計畫和方案，根本不足以讓外界媒體、投資股東以及消費大眾相信日產已經走上了改革之路，要想從往日的陰影中徹底解脫出來，除了上述計畫之外，還需要對振興計畫落實的結果做出承諾。對此，戈恩在記者招待會上當眾做出三大保證：

1. 日產振興方案實施一年後，也就是到 2000 年底，轉虧為盈。
2. 在 2002 年底前，日產至少減少 50% 的淨負債額。
3. 在 2002 年底前，日產增加 4.5% 的營業收益。

為了表示決心，戈恩對所有人承諾：「若不能如期實現目標，我就辭職。」戈恩不成功便成仁的決心使日產上上下下大受

鼓舞，萬眾一心朝著目標邁進。戈恩終於不用下臺了，因為到2002年底日產不僅如期完成振興計畫，盈利水準還達到了有史以來的最高紀錄。

四、新產品是振興的命脈

優秀的產品是能否振興企業的命脈，有它就能生存，沒它則亡。

戈恩在上臺之初就曾強調，優秀的產品是日產今後發展的關鍵，公司必須生產滿足不同顧客需求的產品。這樣公司可以創造更多的就業機會，可以提供更多的獎勵用以提高員工的成就感和自信心，可以提高日產汽車這個品牌的知名度。為了設計出品質出色的新型車種，戈恩請到了原先在鈴木（SUZUKI）擔任總設計師的中村史郎。

到任後的中村史郎第一件重要任務就是重建歐、美、日三地日產設計中心的合作關係。在發現日產製造的汽車無法得到國際的認同之後，戈恩和中村對症下藥，推動東京、美國以及德國慕尼黑的歐洲設計中心之間的溝通工作，公司總部不再獨攬大權，當然亦不能讓國外的設計中心各自為政、自作主張。

早在1996年，美國設計中心推出的日產Z型車就因美國實施更嚴格的廢氣排放標準，加上老式Z型車售價過高，無法吸引新老顧客而停產。戈恩上臺以後，極力支持新款Z型車的重新開發與設計。在戈恩的領導下，設在歐、美、日的設計中心立即展開合作，很快拿出設計雛形，然後轉呈東京總設計師中村史郎予以修正。這項跨國設計的成果出來後，一款擁有 287 馬力的新款 Z 型車問世，日產備受挫折的設計師們終於可以揚眉吐氣了。

緊接 Z 型車的出爐，全新的 Altima 和 Infiniti G35 轎車也閃亮登場，並且在北美市場打破銷售記錄。在日本本土，重新改造加工的 March 也成為市場的新秀，日產奪回了流失多年的市場占有率。根據統計顯示，March 上市的第一週就接到了 25,000 張訂單，到 4 月底，訂單數量猛增至 55,000 張。新 March 車身不僅有絢麗的色彩，也是 10 年前迷你 March 的改版。與 1992 年的 March 相比，新 March 安裝了當時只有高級車才配備的 GPS 及衛星導航系統，增加了右側安全氣囊，加大了引擎動力。

而 Altima 和 Infiniti G35 轎車在北美的風靡程度絕不亞於 March 在日本的表現。Altima 和 Infiniti G35 轎車的銷售之快讓人在展示臺上幾乎看不到它們的身影，因為連樣品車也被人們搶購。新版的 Altima 在 2002 年的底特律北美國際車展中一舉奪魁，登上了北美風雲汽車的寶座。Infiniti G35 轎車上市之後也是所向披靡，在 2002 年 3 月，剛上市的 Infiniti G35 轎車就創造了 Infiniti 車系在北美的最好銷售業績，總銷售量是 8,628 輛，比上年同期增長了 7.4%。

既有令人振奮的新產品，又有驚人的毛利率，戈恩以產品揚名立威的絕招，不僅讓日產起死回生重新成為世界汽車界的強者，更重要的是他的經營管理思想開始在日本其他公司裡扎根，這改變了日本傳統管理經驗，應該是全世界企管界永久的財富。

五、復興大手筆——「180 計畫」

「1、8、0」這三個數字分別代表了日產公司首項振興措施實施後需要實現的三個目標：截至 2004 財年，全球銷售量增加到 100 萬臺；營運利潤率達到 8%；汽車事業淨債務為零。該計畫旨在實現日產持續性的盈利增長。日產用「增加銷售額 × 降低成本 × 提高品質和速度」達成與雷諾聯盟的最大乘積效應，以此實施「180 計畫」。

「180 計畫」是戈恩繼推出日產振興方案之後的又一振興大手筆，這項方案於 2002 年 5 月發表，計劃在 2005 年 5 月完成。這一計畫提出之後，不僅外界質疑，公司內部也有些膽顫心驚。180 計畫的發表是戈恩全面振興日產的「第二戰役」，戈恩借助這一計畫將日產推向了更高峰。

在 180 計畫的四大支柱中，擺在第一位的是增加銷售額，這一計畫的具體方案是：在日本本土的市場銷售 30 萬輛；在美國市場銷售 30 萬輛；在歐洲市場銷售 10 萬輛；其他海外市場一共銷售 30 萬輛。為達此目的，日產決定透過強化品牌實力的手段促銷產品。

第二是降低成本。180 計畫等於向日產公司的企業管理發出最後通牒：3 年之內，必須把成本降低 15%。具體方案是協助供應商降低成本。為了爭取供應商們的支持，日產以願意支持日產振興的零件供應商能與日產共存共榮為條件，苦口婆心地說服供應商。負責這項計畫的小枝先生無可奈何地說道：「為了超越競爭對手，我們不得不這麼做。」

接下來就是速度。不管是開發新車還是削減成本，速度都相當重要。哪怕只比對手快一天，甚至幾個小時，都有可能搶占先機。搶占先機就是搶占市場主動權。

最後的一條是利用與雷諾的結盟合作關係，加快發展日產品牌下的各系列產品。雷諾的總裁史懷哲曾經坦言，他相信雷諾與日產能夠各自維持獨立品牌和經營的自主性，並結合兩家公司的最大優勢，創造最大的利益。兩家公司結盟以後，雷諾按照達成的結盟協議，進一步提高了對日產的持股比例，達到 44.4%；日產也在 2002 年 5 月將對雷諾的持股增加到 15%。在「日產 180 計畫」實施期間，雷諾與日產共同集中優勢兵力出擊墨西哥、南美、北非三大區域市場，尋找新的營銷管道。

六、鎖定海外市場

在日本的汽車企業中，僅豐田一家的汽車產銷量每年就在 600 萬輛以上。由於日本國內市場受到限制，數十年來，日本汽車企業最顯著的特徵就是必須出口海外市場才能保證生存，

在海外市場生產銷售的數量必須遠遠大於在日本本土生產和銷售的數量。日產汽車也是從 1950 年代末期開始，為自己制訂了以出口為主的營銷策略。2004 年，日產在全球銷售汽車達到 338.8 萬輛，但其在日本國內的銷售僅在 110 萬輛左右。出口海外的產品以及在海外當地生產的產品，占去其三分之二以上的銷售比例。

2002 年 5 月 9 日，日產汽車在日本東京的總部召開了一個非同尋常的新聞發布會，在發布會上宣布日產汽車的「振興方案」已經提前一年完成了任務，下一步就是實施「日產 180 計畫」，並且還隆重推出了新 March 轎車。這些固然令人感到驚訝，然而最讓人感到吃驚的舉動是 —— 日產汽車與中國東風汽車公司的合作，這成為了在場所有記者關注的焦點。

自從戈恩進入日產汽車公司之後，對中國汽車市場的態度就發生了巨大的轉變，以一種完完全全、徹徹底底地與中國汽車工業合作的態度來對待中國合作夥伴。這一合作，日產汽車不是拿出幾個車型到中國去，而是全方位的合作。

就拿日產和雷諾開發出來的「B 平臺」來說，這在日本尚且屬於全新技術，日產汽車就決定要把「B 平臺」用在中國市場，共享設計、工程、量產流程，一反過去鎖國習慣。由此看來挫折有時確實是一劑提神劑，它可以讓人看清一些以前不曾看到的東西，只有經過一番挫折的企業才會把握寶貴的機遇。日產汽車就是一個典型。

由此，有人聲稱：中國市場將會是日產汽車海外起飛的轉折。盯緊海外市場，尤其是發展空間大的中國市場，是日產拓展海外市場的極為重要一步棋，前途無法限量。

七、全新的管理方式

戈恩僅用一年就使日產轉虧為盈，又用 3 年的時間改寫了日產的歷史。戈恩的管理方式讓日本的企業管理階層頻頻嘆為觀止。

作為一名外籍管理人士，戈恩不是用權威逼迫員工服從管理，不是靠頭銜壓制部屬，而是將事實與智慧當成化敵為友的武器，喜歡打開天窗說亮話，時不時地提醒身邊的員工：生活中的挑戰絕對沒有表面上看得那麼複雜。而且戈恩本人身體力行，以說服員工的標準要求自己，讓手下的員工心悅誠服地跟著自己一起迎接挑戰，推動艱苦卓絕的企業改革大業。這種管理作風和技巧在 1999 年以前，無論是日產還是日本，都是無法見到的。

日產之所以能夠這麼快就起死回生，戈恩感到最自豪的就是化繁為簡，直接抓住問題本質、找到病因，並整理出解決問題的方案，使方案成為眾人樂於付諸行動的工作。戈恩受過高等工程師訓練，因此，他非常了解應該如何與下屬共事，又如何向他們闡明解決問題的方法。

解決問題的方案當然說得越明白越好，然而這一能力的培

養，必須以縝密的思考能力作為基礎。戈恩常常不厭其煩地為某一篇演講稿的詞句與祕書辯來辯去。在他看來，精準的語言是傳達訊息的關鍵。作為一個訊息傳達者，必須以最簡單最明白的話語將你要傳達的訊息表達出來，只有這樣，才不會引起聽者的疑慮和誤解，這樣表達才算成功。

戈恩將如何激勵員工鬥志這一管理藝術在日產的改革中發揮得淋漓盡致。日產以往的翻盤舉措之所以一敗塗地，主要原因是因為管理層對改革缺乏信心，全然不顧大多數員工的意願。有些方案勉強完成，有些方案甚至夭折在襁褓之中，或是有了計畫卻又將之束之高閣，員工幾經折騰，信心全無。戈恩正是抓住這一點要害，明明白白地告訴大家如何解決問題，以激勵員工鬥志，邀請他們參與改革，自己擬定和執行改革方案，達到振興日產公司的目的。

在日本企業眾多的 CEO 之中，戈恩算是少數能聽取下屬意見的一位。然而戈恩的特色在於，他一定要弄清楚提出意見的那個人是出於什麼樣的動機，想達到什麼樣的結果。還有一個特色就是先聽後令。

日產近畿銷售分公司的總經理富井史郎總結，戈恩的管理模式中有一條「速戰速決」。戈恩對此的解釋是做出反應要慢，但行動要快。戈恩說：「我從來不會不經慎重思考就貿然做出決策，那是目中無人的做法，對公司有百害而無一利。……但是一旦方案確定，我的動作確實很快，可以在短時間內完成多項工作，那是依靠大家一起行動才能夠完成的。」在同一時間內同時處理很多事情，沒有眾人的配合是不行的。

人無信不立。戈恩很重承諾，說過的話一定要兌現，這是他的辦事風格。在日產公司日常管理所用的英文詞彙中被引用得最多、最重要的一個詞就是「承諾」，英文寫作「commitment」。

在媒體面前，人們總能看到戈恩作風強悍的一面。由於管理作風強悍，他也能夠堅持原則。正因為戈恩努力做到言行一致，所以也讓員工可以洞悉他的管理理念，並能深入貫徹到各項改革方案中。

管理的藝術對於一個 CEO 來說的確至關重要，負責人的管理方法直接關係到企業的生死存亡，尤其是在這競爭日益激烈的社會中，無論哪一點失誤都可能導致一敗塗地。

到底是雷諾拯救了日產，還是戈恩拯救了日產，外界與日產內部的看法並不一致。其實這並不重要，重要的是日產終於又活過來了。也許日產澤田清明的說法最為貼切：「日產從雷諾得到了很多東西，而最大的好處就是得到了戈恩先生。」

也許，真正使日產起死回生的是雷諾，而不是戈恩。但是如果沒有戈恩，日產能否如此迅速地死裡逃生，恐怕不能輕易下定論。擺在眼前的事實是，日產活過來了。日產的復活不是某一人的力量，是所有為日產出過力的人共同努力的成果，這其中戈恩絕對是核心人物。

結論

企業若要擺脫經營上的挫折，重新翻盤，最好的辦法的就是勇於開拓創新，脫胎換骨。經過戈恩如此一番「折騰」，日產的企業文化如今已經變成精打細算、勇於冒險，不再是先前的那種墨守成規、故步自封的傳統企業文化。這些不能不說是戈恩的功勞。

闢土地、建新廠只是企業發展的一面，並不等於企業從此就不會遭遇挫折。戈恩幾十年的工作經驗告訴我們，要想在挫折中翻盤，就必須有一個好的「領路人」，有一個能帶領全體員工，並充分相信員工、充分發揮員工主觀能動性的「領袖」，捨此，別無其他。在日產的翻盤過程中，他們拋開傳統管理模式，融入了不少大膽違反常規的做法，這對於 21 世紀的企業來說，具有極大的吸引力。

當年裁掉兩萬多員工，如今規模擴張，還得為企業補充新血。日產公司引人注目的一步就是招募大量新人，而且是優秀青年。日產再度招募新人，不能不說是創造了新聞焦點。8 年中連續 7 年虧損的企業，在新的 CEO 上任不到 3 年的時間，便大量招募新人，這與不少只裁員不招人的企業相比，確實是新鮮的地方。日產扭轉局面之前，渴求終身職位的日本年輕人怎麼也不想到這裡來工作，而將日產看做是職場墳墓，重振雄風後的日產如今又成了青年才俊的首選職場。

挽救日產並非只是單純地削減成本或縮減業務，或是更加側重投資等簡單措施，作為日產的 CEO，戈恩的管理藝術應該給我們一些啟示。在這個經濟高速發展的社會，社會透明度越來越重要。可企業的行動有時卻恰好相反。越來越多的企業在遭受挫折的時候，採取避諱的態度，從總裁到普通員工誰都忌諱言敗。希望透過一時的欺騙能度過難關，然而事與願違，更多的企業最終是紙包不住火，弄得無法收場。

戈恩的「透明主義」正好為無數企業管理者上了一課。在企業的危難關頭，試著改變以往對外界封鎖消息的態度，將企業透明化，這樣也許更能引起投資者的興趣和好感，因為沒有誰願意將錢投入到對自己都不說真話的企業中去。

一系列的新行動、新觀念，令日產的面貌煥然一新，日產乘著改革的順風步履矯健地邁向成功、邁向輝煌。

2021 年，在世界 500 大排行榜中，日產汽車排名第 116 位；日產在 2016 成為三菱汽車最大的股東，雷諾日產聯盟成為雷諾日產三菱聯盟，其銷售排行在全球汽車行業中排名第 3。

相關連結：日產汽車大事記

1934 年 DAT 汽車製造有限公司改名為日產汽車有限公司；建設橫濱工廠，並在日本汽車企業中率先引進流水線生產。

1936 年 橫濱工廠生產「DATSUN」6,163 輛，生產規模首次超過 5,000 輛。

1952 年 從英國奧斯汀汽車公司引進 A40 型小轎車製造技術。

1958 年 獲得澳洲汽車選拔賽冠軍，引起了國際的注目；中華民國政府批准裕隆與日產自動車株式會社技術合作合約。

1959 年 裕隆推出首批 YLN-101 五噸汽油大卡車底盤，日產汽車正式開啟海外工廠生產的歷史。

1960 年 獲得年度優秀品質管理戴明獎（Deming Prize），產品已有相當高的技術品質水準。

1960 年 日產汽車在美國開辦美國日產汽車銷售公司。

1965 年 日產汽車又在加拿大開辦日產汽車公司銷售小轎車和卡車。

1966 年 日產汽車在日本歷史上首次公開徵集車名，選定「SUNNY」作為新開發產品的名稱。收購王子車廠（プリンス自動車工業）。

1970 年 推出 GT-R 樹立了日產汽車品牌形象。

1973 年 推出 R28 在日本車壇颳起了一陣旋風。

1975 年 推出 R29。

1989 年 推出第三代全新 GT-R，廠方編號 BNR32。

1995 年 推出第四代 GT-R，編號 BNR33。

1999 年 日產汽車與雷諾汽車組建雷諾—日產汽車聯盟，卡洛斯．戈恩執掌日產，拉開了日產復興大計的序幕。

2000 年 日產 8 年來第一次盈利。

2002 年 日產汽車完成復興計畫，並提出從 2002 年開始實施的「180 計畫」。

2016 年 日產收購三菱汽車 34% 股權，成為三菱汽車最大的股東。

第九章

上帝的寵兒也有失算的時候 —— 可口可樂

可口可樂是世界上價值最大的品牌之一，自西元 1886 年誕生到現在，已經走過了將近 140 個年頭，它的誕生成為美國典型的創業傳奇。可口可樂可以自豪地說：「Coca-Cola 是地球上最廣為人知的詞語。」的確，可口可樂的巨大成功讓它紅遍全球，尤其是在美國，可口可樂開瓶的嘶嘶聲讓一代又一代的美國人為之瘋狂。其實，可口可樂也經歷過痛苦、受到過折磨，它的發展並非人們想像中那樣一帆風順。尤其是在 1960 到 1980 年代，可口可樂所遭遇的困境，幾乎讓這位當時已近百歲的企業成為世界可口可樂迷的眾矢之的。

可口可樂「馬失前蹄」

可口可樂的起家頗具傳奇色彩，發明者約翰．潘伯頓（John Stith Pemberton）最初發明的是一種提神健體的藥劑，在 1920 年代便風靡美國，成為美國國民生活中不可缺少的一部分。後來它又被譽為「美國精神的象徵」，聲名鵲起的可口可樂讓它的巨大影響力與政治結下不解之緣，成為政府的招牌。

隨著可口可樂的成功，飲料市場上形成了一股追隨之風，不少人紛紛投資飲料市場，競爭日益激烈。尤其是日後同樣成為世界著名品牌的百事可樂的加入，更使得飲料市場上硝煙瀰漫，狼煙四起。面對殘酷的形勢，可口可樂制定了變革方針，希望在全世界掀起一場「新可樂」風暴。出人意料的是，在這場風暴中遭受了嚴重打擊的不是別人，正是這場風暴的始作俑者——可口可樂自己，市場占有率急速下降，曾一度被百事可樂逼得步步後退，幾乎到了崩盤邊緣。

一、現代資本主義發展的縮影

有一個名叫馬克．彭德格拉斯特（Mark Pendergrast）的人，把可口可樂公司和它的企業文化撰寫成了一部書，叫做《上帝、國家、可口可樂》（*For God, Country, and Coca-cola*）。在書中，作者把可口可樂捧到很高的位置，已經成為一個特殊象徵。有什麼理由可以將一個企業的名字與「上帝」、「國家」這樣意義重大的詞並列？是因為它有悠久的歷史，還是因為它巨大的影響力？不管人們怎樣看，可口可樂顯然已經成為這個國家歷史的一部分，在某種意義上是美國大眾消費文化的重要組成，也是不可替代的象徵。

在整本書中，忠誠、險惡、友誼、欺騙、真理等等迷雲瀰漫其中，而與之相對應的則是一位位個性極其鮮明並代表著一個個時代的人物：發明家潘泊頓，獨裁者坎德勒（Asa Candler），智者伍德羅夫（Robert Woodruff），等等。這些關鍵人物又伴隨著可口可樂發展和成長的歷史，同時也經歷了頭號資本主義大國——美國——的成長發展史：鍍金時代，革新時代，爵士時代，二戰時代，電視時代，激進時代，冷戰時代……

第九章　上帝的寵兒也有失算的時候—可口可樂

作為一個幾乎與美國歷史一起發展的品牌，可口可樂同樣也折射和反映著美國歷史美麗與醜惡的點點，只是它更隱蔽，更多的是潛移默化的文化侵蝕。

眾所周知，美國各州政府、國家各部會首長與大財團、大資本家關係密切、多有往來，即所謂的「富人俱樂部」。從可口可樂的發展過程中也可以清晰地看出，在二戰這樣艱難的日子裡，可口可樂和美國將軍艾森豪（Dwight D. Eisenhower）仍保持密切關係。在戰爭物資運輸極其緊繃的時刻，參謀長聯席會議主席喬治．馬歇爾（George Catlett Marshall, Jr.）沒有忘記命令將武器彈藥和可口可樂一併運往前線。「馬歇爾計畫」不只是蔭庇他國，也讓政府能藉機為可口可樂等美國企業宣傳。美國後來的歷任總統如甘迺迪（John F. Kennedy）、詹森（Lyndon Baines Johnson）、卡特（Jimmy Carter, Jr.）等人都與可口可樂公司及其董事長伍德羅夫、奧斯汀（J. Paul Austin）等有著密切的關係，競選資金有相當一部分都由可口可樂公司出資。

從這一意義上說，美國政治更迭史，實際上是大企業、大資本家們尋找其利益代言人的歷史，而總統們所掌握的國家權力，往往都和類似可口可樂這樣的大公司利益互相勾結。

可口可樂公司的執行長曾直言不諱地說可口可樂是「資本主義的精髓」。從獨立戰爭開始，美國的資本主義已經有 200 多年的歷史，其發展史既是美國民眾追求獨立與民主的歷程，同時更是一部權錢交易、充滿欺詐、戰爭和侵略的歷史。無疑，作為美國文化的代表者，可口可樂在美國的擴張過程中充當了文化先行者和侵蝕者的角色。

二戰後，美國致力發展資本主義，可口可樂則在美國「胡蘿蔔與棒子」政策的掩護下，悄然滲透進各國文化。可口可樂每打進一個國家，第一步就是要找一個有經濟實力、有政治影響力的社會名人做裝瓶商。伴隨著美國歷任總統的努力，並配合美國強勢外交，可口可樂公司所向披靡，從最開始的法國、日本等國家，又迅速進入了葡萄牙、埃及、葉門、蘇丹、前蘇聯和中國等市場。當然，可樂文化的滲透並不是一帆風順的，在其剛開始進入這些國家時，都曾經遭遇排斥甚至抵制。

西元 1949 到 1950 兩年間，法國人擔心本國文化很快會被美國同化，曾經將可口可樂作為一種改變下一代人消費模式和意識形態的產品來抵制。很多人認為，可口可樂的商標是美國人招搖撞騙最恰當、最顯著的標誌。

印度則一直是可口可樂心中隱約的痛。西元 1977 年遭印度政府驅逐出境，可口可樂公司並不甘心就此退出；16 年後，於 1993 年 10 月重新登陸印度，卻一直麻煩不斷。

2003 年印度的「科學與環境中心」首次公開調查稱，可口可樂和百事可樂兩大公司在印度生產銷售的部分無酒精飲料中

殺蟲劑含量超標；同年，印度衛生部門警告該國民眾，可口可樂含汙染成分，切忌飲用；同年 12 月 26 日，印度當地法官判可口可樂敗訴，原因是在當地濫取地下水，甚至引發當地農村婦女在企業大門口抗議。

「可口可樂飲料中可能含有殺蟲劑」的說法在印度民眾中引起了軒然大波。傳聞一起，在全球最具市場潛力國家之一的印度，可口可樂的銷量就像開了瓶的可樂一樣洩了氣。

事件發端於印度新德里的民間團體 —— 科學與環境中心（Centre for Science and Environment）—— 公布的一份報告，報告稱，實驗顯示可口可樂和百事可樂飲料中含有的農藥殘留物數量分別是歐盟許可上限的 30 與 36 倍。隨後，印度議會停止供應這兩種飲料。在印度北部城市安拉阿巴德，一群印度教民族主義者甚至摔碎可樂飲料瓶，毀壞可口可樂分銷商的財物。

事件突發，始料未及，可口可樂公司隨即否認了這一說法，甚至還破天荒地與競爭對手百事可樂公司聯合召開記者會駁斥環保組織。接下來，可口可樂公司迅速進行政府公關，並請印度衛生部長斯瓦拉傑（Sushma Swaraj）在新德里對國會申訴，印度兩家政府實驗室檢測的可口可樂 12 種品牌飲料全部符合當時該國政府有關瓶裝水的安全標準，均可放心飲用。

在可口可樂公司的努力下，「殺蟲劑」事件最終得以平息。

這無疑是一場巨大的信任危機。但如果把它放在該公司 100 多年來被抵制、被控訴、被驅逐的歷史中來看，這只是滄海一粟。

然而，2004 年 2 月 17 日當地民間組織以保護國家利益之名向跨國公司訴訟，當地政府函令可口可樂廠關閉；2006 年，印度再度爆發可口可樂和百事可樂「有毒」事件，印度最高法院下令要求百事和可口可樂公司公布它們的配方。對於可口可樂來說，公布保密了 120 年的商業祕方意味著什麼，顯然眾所皆知。

印度的做法可能過於苛刻甚至得理不饒人。不過可口可樂的做法也讓印度難以接受，因為他們將商業行為上升到了政治高度。他們自己不出面解決，卻抬出了美國政府。負責國際貿易的美國商務部副部長表示，「此類行動對印度經濟而言是一種倒退」。顯然，施加這種政治壓力只能使可口可樂更不受印度公眾青睞。

政府向印度方面施加壓力。雙方再次發生強硬對抗。以往，可口可樂在其他國家遇到問題總能迎刃而解，類似的「有毒」事件發生在日本、韓國等地時，他們會運用市場行為解決，在最短的時間做出回應，召回產品並且避免影響進一步擴大。

可口可樂在其他國家遊刃有餘，卻始終難以攻克印度市場，這和他們的公關、態度有直接的關係。可口可樂的 30 條重要成功經驗有這樣的幾條：別觸犯法律、全球性策略、區域性

策略、堅持長遠利益、隨機應變、耐心而執著。在印度 30 年的時間裡，可口可樂對印度市場相當執著，但在隨機應變和區域性策略方面，為什麼在印度 30 年的時間裡卻得不到認同，可口可樂是不是需要反思呢？

作為資本主義的縮影，一面因為政府的特殊關照與宣傳將可口可樂推向全世界；另一面當政治危機襲來之時，可口可樂又被迫遭到牽連，成為眾矢之的。

雖然遭遇種種抵制，但是可口可樂仍然在全球不斷擴張市場版圖。作為一家有著 100 多年歷史的企業，它的運作細節或許更值得我們仔細體會，因為正是這些高效的經營手段支撐可口可樂走過這麼多年。或許這能給那些苦心經營的企業家們帶來更多的啟示。簡單地模仿這些做法對任何企業來說都是愚蠢的，但是學習經驗，無疑會啟發我們：如何讓一種飲料成為一種生活方式，一種揮之不去的情懷，一種歷史和文化象徵。

二、日益激烈的市場競爭

參與市場競爭是品牌歷練的必經之路，在競爭中，堅強的品牌可以更強大，劣質品牌將會遭到市場淘汰。在飲料市場上，可口可樂遇到了激烈的競爭，尤其是與對手百事可樂的對抗，既讓可口可樂蒙受過銷售額下跌的痛楚，也讓可口可樂從對手身上學到了不少東西。這是一場實力的較量，可口可樂雖然在競爭中略占優勢，但是所受到的衝擊也不小。

魚龍混雜的飲料市場

1960 年代中期，世界軟飲市場（soft drink，指無酒精飲料）呈現出一片欣欣向榮的景象，銷售量突飛猛進。據統計，以美國為例，每個美國人平均每年消費 260 瓶飲料。在巨大消費市場和利潤空間的刺激下，飲料市場也湧入了不少新面孔，他們在市場上四處拚殺，都想從可口可樂嘴裡分到一杯羹。當時的飲料市場，可口可樂的市占率約為 41%，幾乎占據一半，百事可樂占 23.4%，其他為雜牌飲料的銷售額。

可以說，可口可樂占領了競爭中老大的地位。可口可樂的總裁保羅．奧斯汀雄心遠大，並不滿足當前狀況，於西元 1964 年斥資收購了休士頓鄧肯食品公司（Duncan Foods）的咖啡生產子公司，代價是可口可樂 3,000 萬股股票。在德克薩斯，可口可樂又挑起了另一場戰爭 —— 可口可樂矛頭直指「Dr Pepper」，推出同為櫻桃味汽水的 Mr. Pibb。當時百事可樂為了加緊追趕可口可樂，推出了一系列的新口味飲料，緊接著，百事可樂與肯德基在速食展開合作，打出的廣告語是：薯條讓人口渴……百事正好解渴。

來自百事可樂的巨大挑戰

百事可樂的生命力的確讓人感嘆。從西元 1894 年的布雷飲料（Brad's Drink）到 1898 年的百事可樂，再到 1930 年代，

第九章　上帝的寵兒也有失算的時候—可口可樂

百事可樂經歷了好幾次的起死回生。每「死」而復生一次，它的生命力就更頑強了一些。到了 1930 年代，百事可樂的身分已經是飲料之王 —— 可口可樂最強勁的競爭對手了，然而此時的百事可樂顯然不足以與可口可樂分庭抗禮。到了 1960、1970 年代開始，百事可樂就以可口可樂為戰勝目標，開始了對世界飲料市場的狂轟濫炸。儘管可口可樂在全世界仍然深受關注，但是在百事可樂的衝擊下，經營狀況大不如前。百事可樂以 1.5 公升和 2 公升的塑膠瓶裝搶先占領了廣闊的市場，可口可樂後悔莫及。

為了在市場占有率上取得先機，可口可樂與百事可樂在廣告宣傳上拉開了競爭的序幕。可口可樂的廣告宣傳側重在產品本身上的宣傳，因為產品和品牌是它的優勢，為此可口可樂公司不惜耗資 80 萬美元編排了百老匯戲劇 ——《1600 賓夕法尼亞大街（1600 Pennsylvania Avenue）》。遺憾的是，這部戲劇並未給可口可樂帶來預期的效益，它的生命只經歷了七周就草草收場。一些評論家對此的評價是「沉悶而單調」。西元 1976 年，可口可樂發起了以「可口可樂裝點生活」為主體的廣告運動，以期壓倒百事可樂的廣告之風，奪回失去的市場。

相對於可口可樂產品本位的宣傳策略，百事可樂採取的則是以生活方式為對象，不同於傳統方法的策略。在達拉斯（Dallas），百事可樂的廣告宣傳創造了一個奇蹟。當時，百事可樂在達拉斯的市占率只有少得可憐的 4%，想要將百事融入當地居民們的生活簡直是天方夜譚。百事達拉斯特派員在分析了眼前的形勢之後，立即建議百事進行改革，提議僱用當地的史丹福代理公司代替 BBDO 廣告公司。這一提議隨即得到公司批准。之後，在口味測試中戰勝了可口可樂，同時百事推出了新產品「7-11」可樂，開始大舉進攻可口可樂的勢力範圍。西元 1975 年，意在吸引消費者購買百事可樂的廣告——「百事挑戰」登上了達拉斯電視臺的螢幕。廣告是這樣設計的：一群可口可樂的忠實消費者在飲料試飲會中發現一種沒有貼出品牌的可樂，並且迅速瘋狂喜歡上了它，後來，他們才驚奇地發現，原來那是百事可樂……且不說廣告的手段是否合乎受眾口味，在不到兩年的時間裡，百事可樂在達拉斯的市占率飆升了 10 個百分點，達到了 14%。

然而，可口可樂公司並未對百事可樂的這種「進攻」給予應有的重視，一方面擺出一副不屑的姿態，瞧不起百事的行為；另一方面，可口可樂竟然荒唐地推出了一系列回擊百事的廣告。不幸的是，這些廣告不但沒為可口可樂帶來好處，反而讓對手看到自己的慌張。可口可樂總部進行了祕密調查，發現消費者喜歡百事可樂勝過可口可樂。1970 年代末期，美國市場的四分之一都在播放「百事挑戰」的廣告。

在廣告預算方面，西元 1977 年，百事首次超過了可口可樂。1978 年，百事可樂在超市的銷售額超過了可口可樂。可口可樂在美國的市占率從 26.6% 降到了 26.3%，而百事的市占率卻從 17.2% 升至 17.6%。別小看這零點幾個百分點，一個百分

點意味著美金一千幾百萬元。到了 1980 年代初，可口可樂的海外市場也受到了百事可樂巨大衝擊。以菲律賓為例，曾經由可口可樂控制的市場，其中 70% 被百事可樂搶奪到自己的手中，並且，百事在自己控股的菲律賓工廠投入了大量的資金，擺出了要搶占這塊肥肉的架勢。可口可樂這時才感到了空前的危機，它的霸主地位已經受到了嚴重的挑戰。

三、「新可樂」帶來的麻煩

1980 年代，戈祖耶塔（Roberto Goizueta）上任可口可樂 CEO。他上臺以後，面對可口可樂近 20 年來不斷下降的市占率，醞釀起一場巨大的「革命」——改變可口可樂的配方。經過一番市場調查，可口可樂公司斷定人們已經不再喜歡以前的可口可樂，他們似乎喜歡更甜的飲料。改變可口可樂的配方，這是一件能讓世界為之轟動的事情，要執行起來並不簡單。西元 1983 年，戈祖耶塔命薩吉歐．齊曼（Sergio Zyman）擔任研製新口味可口可樂的任務。在回饋調查中，可口可樂有一個驚人的發現：許多消費者都說自己最喜歡的飲料就是可口可樂。但當被問及更願意買何種可樂時，不少人表示會選擇百事可樂或是其他。原來，可口可樂並不是想像中美國家庭生活的必備品。這也是促使可口可樂修改配方的直接原因。然而，可口可樂公司並沒有聽出消費者的弦外之音：可口可樂已經成為一種文化象徵，誰動誰倒楣。

可口可樂「馬失前蹄」

西元 1984 年，可口可樂設計出新口味的可樂，並信心十足地保證能打敗百事可樂。在不告知品牌的試飲中，這種可樂的確贏得了好評，並且超過百事可樂六個百分點。而在以往的歷次試飲測試中，總是百事可樂打敗可口可樂。這一「成功」更加堅定了可口可樂改變配方的決心。1985 年 4 月可口可樂宣布改變配方。然而戈祖耶塔根本沒有料想到，他這一舉動將會引起舉世騷動。在新聞發布會上，他說：「最好的飲料，可口可樂，如今將要變得更好。」

從消息發布以後的三個月，每天都有無數的電話和信件進入可口可樂，對可口可樂這一變更表示強烈的不滿。媒體也爭相報導，大發議論，義憤填膺。廣大消費者要求恢復可口可樂的原樣。在信中，有人寫道：「改變可口可樂無異於上帝要把青草變成紫草。」更有強硬者說：「即使你在我家前院燒國旗，也比不上改變可口可樂更讓我惱火！」《可口可樂消費者》上說：「是誰無知至極地決定改變可口可樂的配方！新配方粗製濫造、令人作嘔、乏味至極，比百事還難喝。」有的顧客稱可口可樂是美國的象徵、是美國人的老朋友，可如今卻突然被拋棄了。還有的顧客威脅說將改喝茶水，永不再買可口可樂公司的產品。在西雅圖，一群忠誠於傳統可口可樂的人們組成了「美國舊可樂飲者（Old Cola Drinkers of America）」組織，準備在全國範圍內發動抵制「新可樂」的運動。許多人開始尋找已停產的傳統可口可樂，這些「舊可樂」的價格一漲再漲。到 1985 年 6 月

中旬，「新可樂」的銷售量遠低於可口可樂公司的預期值，不少裝瓶商強烈要求改回銷售傳統可口可樂。

可口可樂花了 400 萬美元研究的新可口可樂最終以失敗告終。按理說，戈祖耶塔在設計新口味的過程中步步為營，經歷了一系列的測試，怎麼會失敗呢？其實他只是做錯了一件事情：沒有意識到可口可樂不僅是一種飲料，更是一種文化、一種傳統、一種信仰。

摧不垮的可口可樂

俗話說，「瘦死的駱駝比馬大」。可口可樂可不是那麼容易就能被打倒的，在經歷了風浪過後，可口可樂憑藉其殷實的實力，頂著餘風碎浪重新建立讓世界瘋狂的信心，從挫折中走了出來。

可口可樂公司本身就是一座巨大的寶藏，裡面有不少企業家夢寐以求的管理策略與行銷手段，它同時又是一部內容生動深刻的宏書巨著，以一百多年的經驗告訴人們，其實企業也就是這麼回事。

一、優秀的管理者是企業的支柱

「我們的工作，不求無過，只求有功。」可口可樂的統帥羅伯托·戈祖耶塔這樣說。

羅伯托·戈祖耶塔是一位商業天才，雖然在策劃新口味的可口可樂遭遇了失敗，但他還是很快便扭轉局勢過來，並打響經典可口可樂和健怡可樂。在羅伯托．戈祖耶塔擔任可口可樂 16 年董事長的期間，可口可樂的市場價值從 40 億美元上升到 1,500 億美元，股票的價格飆升了將近 3,500%。打個比方說，假如某人的曾祖父在西元 1919 年購買了 40 美元的可口可樂股票，在 2012 年他能得到的回報是 980 萬美元，簡直是天文數字！

西元 1980 年，當羅伯托．戈祖耶塔剛登上可口可樂的寶座時，公司正處於一片混亂中。在推出新可口可樂失敗後，羅伯托．戈祖耶塔並沒有推卸責任，而是勇敢面對，迅速承認自己的錯誤，並根據實際情況應變。一方面，他將舊版可口可樂重新命名為「經典可口可樂」，並專心致志地推銷，另一方面，他也調整了公司經營的方式。戈祖耶塔停止可口可樂公司的裝瓶工作，讓別人花錢來裝可口可樂公司的飲料。為了投入更多資源在可樂上，他進行了資產剝離，賣掉哥倫比亞電影公司，把那些錢用在打開前蘇聯和東歐市場的營銷，最終打敗百事可樂，成為東歐新的可樂霸主。

對於手下的經理，戈祖耶塔啟發他們自己尋找管理公司的途徑，給他們豐厚的物質刺激，盡可能強化他們的積極性。在做出決策時，戈祖耶塔考慮的是公司能賺多少，而不是成本降低多少。在戈祖耶塔的在任期間，可口可樂的股票升幅創美國商業之最，光 1991 年公司的進帳就是 10 億美金。他對可口可樂公司進行的簡化，主要表現在裁掉公司所有無關的業務，重組了食品企業，裁掉了「小助手」產品系列，集中精力強化現有飲料品牌。

戈祖耶塔改變了可口可樂公司的經營模式，建立了一套新的制度，把「股東」的意識提高到前所未有的高度，將持有可口可樂股份的股東，以及公司的高層領導，與公司所有有關的人結合在一起。在他擔任可口可樂總裁的 16 年中，可口可樂的總資產從 40 億美元發展到 180 億美元的規模，使得可口可樂在全世界的行銷系統固若金湯。總結戈祖耶塔的手段，最引人注目的就是簡單的促銷，他盡其所能，將每一點滴的人力、物力、財力合理投入到促銷中去，讓可口可樂每天在不同的地方都有更多的人購買。

在戈祖耶塔的可口可樂生涯中，集中體現了他高瞻遠矚、身體力行等品質，這對於一個企業主管來說，是一筆巨大的財富。有不少企業的領導者也曾想效仿戈祖耶塔的行為，然而成效不大，原因可能很多，其中重要的一條必定是沒有把那種行為當成一種習慣。對於總裁的素質，戈祖耶塔有一句精闢的總結：「首先要有活力。但是有勇有謀也很重要。」從他接手可口可樂一直到 1997 年逝世，他始終不渝地履行著他的這一信條。

二、可口可樂特別行銷手法

在行銷手段上，可口可樂真可謂毫不吝惜，什麼流行就贊助什麼，尤其是在全球曝光度高的活動。在這個特別行銷手法的選擇上，可口可樂終於認識到自己身上潛在的文化和政治兩種無形價值。隨著人們生活水準的提高，人類越來越注意享受和健康。娛樂是對生活的享受，而運動是保持健康的重要手段，也越來越為人們所重視。可口可樂選擇的兩類贊助項目都堪稱世界頂級，一個是娛樂界的寵兒 —— 代表美國文化的好萊塢電影，一個是世界上最大的體育盛事 —— 奧運。可口可樂憑藉著這兩大「巨頭」，將可口可樂的文化理念植入到世界所有能被電波覆蓋的地區。

藉好萊塢「生蛋」

好萊塢從美國的娛樂文化發展到世界娛樂文化，文化影響可能觸及世界上絕大部分國家。在這種文化傳媒裡，可口可樂可以藉著一部廣告片從谷底飆升到峰頂，也可以乘著一部影片的上映而走向世界，甚至搭著追星族的便車而聲名鵲起。好萊塢電影文化中所起的作用就是這麼神奇。

經歷了西元 1985 年的新口味可樂之災後，可口可樂的廣告就好像失去了往日的魔力，那種「嘶嘶」的聲音不再響徹人心。為了恢復元氣、重振旗鼓，可口可樂決定找一個時髦的代言人。戈祖耶塔此時想到了好萊塢。

彼得．西利 (Peter Sealey)，這個曾經的可口可樂員工，是他牽著可口可樂邁入好萊塢。離開可口可樂的西利，在哥倫比亞電影公司開始好萊塢生涯，他漸漸愛上了在加利福尼亞優哉游哉的生活，並表示將永遠不會再回到可口可樂。然而，最終他還是守不住自己的「諾言」，因為可口可樂需要透過他在好萊塢的關係網進入這個由名導演和名演員組成的特殊階層。1991 年，西利擔任了可口可樂全球行銷總監的職務。在這個時期，百事可樂的行銷非常成功，在廣告方面總是居於可口可樂之上。面對廣告宣傳的失利，可口可樂找到了好萊塢頂級經紀公司 CAA（Creative Artists Agency）的創辦人麥克．奧維茨（Michael Ovitz）。

在 1992 年 7 月的亞特蘭大的一次展示會上，奧維茨請到了好萊塢的兩位著名導演 —— 法蘭西斯．柯波拉（Francis Ford Coppola）和羅伯．里納（Rob Reiner），由他們執導可口可樂的宣傳廣告片。這對於可口可樂來說，確實是頂級大陣容。這次展出的廣告片有兩個：一個是一隻狗挖到可口可樂；一個是太空人藉由提問關於可口可樂的問題辨認外星人。1993 年的一系列可口可樂新廣告片正式亮相時，其中有 24 個廣告是由 CAA 承製的。這些廣告圍繞著「總是可口可樂」這一主題發揮創造。其中的經典是一隻由電腦製作的北極熊一邊欣賞北極光，一邊喝可口可樂。

在好萊塢，音樂也是讓人瘋狂的因素，尤其是對青少年的影響。對音樂的投資，可口可樂絕不局限於好萊塢，他只是借好萊塢這隻雞為自己生了一個金蛋。1980 年代是搖滾世界的年代，由美國流行搖滾開始，世界各地都因而為此瘋狂。可口可樂請了不少搖滾明星來助陣。在國外，可口可樂公司的投資也不菲。在巴西，可口可樂贊助了一場為期 9 天的大型音樂盛會 ——「在里約熱內盧搖滾」，觀眾多達 100 多萬人，歌詞中還多次出現可口可樂的名字；在泰國，歌迷們身穿可口可樂的廣告衫參加演唱會；在菲律賓，可口可樂為自己培養了搖滾樂隊到各地巡迴演出；在法國，可口可樂開設了一個名為「可口可樂 500 大」的電視專欄節目，每天播出。

好萊塢為可口可樂的廣告宣傳立下了汗馬功勞，如今，可口可樂的知名度早已蓋過了這位曾經的「大恩人」。

乘奧運之風

奧運是全球最大的體育盛會，利用它進行宣傳簡直就是「在所有電波能覆蓋的地區播放可口可樂的廣告」。這是一個絕佳的宣傳機會。

奧運所推崇的公正、和平能使廠商的宣傳效果和品牌價值提升，有實力的廠商可以透過贊助奧運會的形式，自然地走進千家萬戶、深入消費者的心中，達到提高銷售額和利潤的目標。

可口可樂的奧運之旅是從西元 1928 年阿姆斯特丹奧運會開始的，以至可口可樂人人可自豪地說道：「自 1928 年以來，奧運會上有三件事是不變的 —— 運動員、體育迷以及可口可樂。」

第九章　上帝的寵兒也有失算的時候─可口可樂

在西元 1988 年的奧運會上，可口可樂組建了一支由 100 名運動員組成的可口可樂合唱團。如今，在生意人看來，奧運本身所代表的就是炙手可熱的商機，可口可樂利用奧運展開一系列促銷活動，冠名各種比賽。在霓虹燈、氣球、小旗子等，凡是有商機的地方，隨處可見可口可樂的標誌。那一年的奧運會促銷活動，可口可樂一共投資 8,000 萬美元。

對於可口可樂而言，1996 年在美國舉辦的亞特蘭大奧運更是其大顯身手的最好時機，這不僅是因為亞特蘭大是可口可樂的家鄉、大本營，更重要的是 1996 年的亞特蘭大奧運是現代奧林匹克運動的百年慶典，世界各地的目光都聚焦於此，等待見證這一歷史時刻的到來。1990 年，國際奧委會主席薩馬蘭奇宣布 1996 年的夏季奧運會在美國亞特蘭大舉行時，美國人舉國歡騰，尤其是可口可樂上上下下。可口可樂贊助奧運最大的意義莫過於讓觀眾無時無刻不見到它的身影，藉以刺激他們的購買欲、提高銷售量。在過去的活動宣傳中，可口可樂總是扮演奧運輔助者的角色，即「奧運贊助商」，而這次卻定位在「奧運最長期的夥伴」。公司制定出全方位出擊的營銷策略，從在全球範圍舉辦各式各祥的奧運抽獎、贈品發放活動，到協助奧運籌委會承辦包括聖火傳遞、入場券促銷在內的多項工作；從奧林匹克公園的營造，到 70 支奧運廣告的密集播放，使得全球可樂的忠實粉絲以及一般消費者，在超市日常購物時、在電視螢幕前觀看奧運轉播時、在亞特蘭大現場為選手加油時，甚至在奧林匹克公園盡情遊玩時都能感覺到可口可樂的存在。

自從西元 1984 年的洛杉磯奧運開創了火炬接力儀式之後，這一活動的贊助權成為奧運商家的必爭之地。1996 年，可口可樂以 1,200 萬美元為代價拿到了這一權力。在 84 天的時間裡，奧運火炬穿越美國 15,000 英里，參加人數達到 10,000 人。可口可樂這次活動的設計空前宏偉，除了跑步以外，還派上了自行車、馬、各種船隻、飛機、熱氣球等工具。美國國家廣播公司每天追蹤報導，網站也不甘寂寞。裡面所有的英雄都佩戴著可口可樂的標誌，活動變成了一次可口可樂的長篇廣告宣傳。有記者在新聞報導中感慨道：「這簡直是一場從大西洋到太平洋的可口可樂狂歡節。」

1996 年奧運會期間到亞特蘭大的遊客，一定不會忘記新建成的奧林匹克公園（Centennial Olympic Park）。這個主題公園也成為了可口可樂宣傳品牌形象的重要窗口，是可口可樂借奧運行銷的重要組成。暫且不提那樁轟動全球的炸彈放置事件，單是公園內精心設計的各項參觀活動、嶄新科技淋漓盡致的運用，以及琳瑯滿目的各式商品，就足以令人嘆為觀止。走進公園，投入眼簾的是大大小小的可口可樂標誌，眾多醒目的紅色標誌裝點著整個公園，布條、彩旗、遮陽傘……處處都是印有 Coca-cola 的東西，整個公園完全被塑造成濃縮的可口可樂世界。可口可樂最初提議規畫奧林匹克公園時，目的是為了

讓更多人分享奧運樂趣，特別針對兒童與 18 至 49 歲人們的喜好。門票定為成人 13 美元，兒童 8 美元。奧運期間至少吸引了 85 萬名遊客，其中 80% 是來自美國以外的國家與地區。

為阻止百事可樂插手奧運會，可口可樂不斷對亞特蘭大組委會施加壓力，不僅使可口可樂成為亞特蘭大指定的唯一官方飲料，而且在奧運期間，其他品牌的飲料不能出現在政府資助的活動現場以及城市的公共場所。

可口可樂為奧運會付出的代價之高的確讓人咋舌，然而公司更關注的顯然是營業額。可口可樂領導核心在談論奧運會時說：「這是個不錯的投資，對於我們來說很划算。」戈祖耶塔就曾得意地表示：「我們已經從單純的倡導世界和平，前進到教世界人民暢飲可口可樂了。」可口可樂對這次奧運會的成功贊助可見一斑。

奧運會雖然結束了，但渲染在全球各個角落、代表可口可樂的紅色卻不會因之減褪，可口可樂的奧運之夢終於在亞特蘭大乃至全球都贏得了最輝煌的成功。

三、可口可樂的人才方略

企業的成功不可能不依賴人才，在 21 世紀的競爭中，一切都可以歸根於人才的競爭。科學技術是第一生產力，科技就得直接依賴優秀的人才給予。從可口可樂的用人方略中，也許能找到作為百年飲料巨頭的一些寶貴的經驗，為我們的企業提供借鑑。

首先，用人不疑，一旦簽訂合約，公司和員工之間就建立了平等、互相信任的關係。員工以公司之榮為榮，以公司之衰為恥；上司對員工推心置腹，不以一副高高在上的姿態對待員工。可口可樂公司在人才管理策略方面，將人才看作「千里馬」，給予寬廣的原野，讓他們日行千里；同時又為他們及時補充足夠的營養，使其後勁十足。正是這種「唯才是用、用人不疑」的人才管理策略，才使可口可樂公司的大批人才脫穎而出，為公司的壯大立下了汗馬功勞。

可口可樂公司將人才作為企業最重要的資源，以人才的能力、特長、興趣、心理狀況等綜合因素來安排最適合的工作，並在工作中充分考慮到員工的價值和成長，使用科學的管理方法，透過全面的人力資源開發計畫和企業文化建設，使員工能夠在工作中充分發揮自身的積極性、主動性、創造性，從而提高工作效率，增加工作業績，為企業的發展目標做出最大貢獻。這是典型的人本主義思想，如今被越來越多的公司所採用。其實，企業要想長盛不衰，單這一點還是不夠的。

其次，對人才的引進、培養也是不容忽視的方面。在這個教育高度發達的時代，人才遍地都是。但是，不容忽視的現實是，不少企業都在感嘆招攬不到優秀人才。這不是很矛盾嗎？關鍵在於，學校教育與企業需求相隔一定的距離，這個事實也

是客觀存在、不容改變的。畢竟學校不可能完全按照企業的要求來培養人才，企業在招募時於是有了兩點注意事項：

1. 在人才引進時的考察不應該是千篇一律，比如對外語程度的規定，對電腦證照的規定等等，而是應該按照企業的需要，考察人才特長。
2. 企業在引進人才後應該對人才進行職前培訓，使之適應企業的發展。

可口可樂公司的一位主管曾經說過，「可口可樂公司在人才引進方面，最注重的是每個人是否有對可口可樂這個品牌的赤誠熱愛之情，是否能夠全身心地投入工作，努力地為公司作出貢獻。」當然，這是最基本的原則。企業最欣賞的是專才，這本身無可挑剔，但這需要企業自己把他們培養成適用的「專才」。在可口可樂公司就有一套完整的人才培訓系統，分類相當仔細，培訓的方針是「做什麼，學什麼；缺什麼，補什麼」。培訓的目標是著重提高員工實際工作能力和對企業文化的理解，使之成為企業專用人才，滿足企業發展需求，適應企業發展需要。

其三，一般人都有希望得到他人肯定的心理需求，這種要求在人才身上尤為強烈。人才都是身懷一技之長的人，他們尤具使他人肯定自己工作能力的願望。因此，企業對人的肯定和激勵是保持員工積極性的必要手段。在可口可樂公司，這種考核激勵機制十分健全、豐富多彩。由於機構龐大，可口可樂公司的職位結構和層級關係較複雜，但每個員工每個層級的職責卻非常明確細緻。他們職責和成長方向的指導相當詳細，而且，每位員工都要熟知自己工作的目標。

如此，公司不需對員工施行太多評價和引導，員工就能確定自己應做的事情、應盡的責任。透過一個季度或半年的主管考核以及員工之間的互評，找到存在的問題，並提出改進措施。如有可能，公司還會配備專門輔導人員幫助員工改進工作中存在的不足。這樣，不僅員工能力提高，而且公司也能收到事半功倍的效果。

在激勵方面，可口可樂公司以物質激勵、精神激勵以及工作激勵等方式來激勵員工。所謂工作激勵，就是以晉升制度激勵員工謀取更高的職位。可口可樂公司的人才晉升主要有兩種方式，即「階段升職」和「破格提拔」，並且兩者相輔相成。顧名思義，「階段升職」指根據表現一步一步提拔員工；「破格提拔」是指越級提拔工作能力非常出類拔萃，能為公司做出重要貢獻、具有管理潛力的人員。

這一套人才方略為可口可樂保持百年常青做出了至關重要的貢獻。

四、放眼世界，向全球推進

今天的可口可樂單就飲料來說，還雄踞世界第一的位置，2021 年營業額高達 386.6 億美元，在世界 500 大中排名第 370 位。這樣的業績，與其向全球推進的理念和策略是分不開的。可口可樂在全球實現了「人人能買，處處可見」的行銷方案。不管是什麼樣的政治制度，還是多麼動盪的地方，都離不開可口可樂的影子，可以說可口可樂已經跨越文化和政治的不同，在全球建立了屬於自己的飲料王國。

在歐洲，冷戰結束、蘇聯解體對可口可樂的全球推廣計畫創造了良好的外部環境。尤其是西元 1989 年柏林圍牆的倒下，為可口可樂東進提供了千載難逢的機會。在柏林牆倒塌的那一刻，可口可樂公司發動車輛免費為當地士兵提供飲料，將自己的第一張好牌出手。當地人早就熟悉了可口可樂的大名，只是迫於形勢，一直沒有機會品嚐，當這種嘶嘶作響的誘惑破牆而來，人們都爭先恐後地搶著要。東進為可口可樂帶來了至少 1,700 萬的新顧客，到 1993 年年底可口可樂已成功地向東挺進，成為新的飲料霸主。

在印度，可口可樂於西元 1977 年被迫退出後，又在 1993 年重返故地，立即與當地的帕爾出口公司組成策略聯盟。帕爾出口公司是印度最大飲料公司，強強聯合使得可口可樂迅速占領了印度的飲料市場。

隨著世界各地貿易壁壘逐漸取消，不少開發中國家也慢慢接受可口可樂的加入。在全球經濟並不景氣的 1990 年代初期，可口可樂的發展卻始終保持驚人的速度，這個成就讓世界震驚。

毫無疑問，可口可樂成為世界上最令人羨慕的飲料品牌；毫無疑問，可口可樂的嘶嘶聲讓全世界都知道，它的瓶中裝的不是簡單的飲料。

結論

毫不諱言，可口可樂已經成為文化載體。在當今的商業社會裡，越來越多的人信仰「可口可樂主義」。自約翰 · 潘伯頓發明的藥水，到現在的口味眾多的可口可樂系列產品，可口可樂一直保持著長生不老的發展勢頭。儘管中途不止一次出現過挫折，發生過危機，但是可口可樂都一路有驚無險地走過來了，每一次翻盤都為自己累積了不少寶貴的經驗和教訓。

現在我們來分析可口可樂的成功，目的就是從中找到一些企業永續生存的經驗。接觸可口可樂，最讓人羨慕的想必是它的品牌知名度，這是一筆巨大的財富，從很大程度上來說，強勢企業和弱勢企業的分野，就在於品牌對消費者的影響程度，即知名度。

品牌對消費者的影響程度常見下列幾種情形：第一種是沒什麼影響，消費者在選擇和使用時沒有固定消費某種品牌的意

識；第二是有一些影響，消費者知道有這種品牌，至於買和不買並不十分固定；第三是有稍大的影響，消費者在消費時傾向於消費某種產品；還有一種情況是品牌已經影響到消費者的日常生活、生活方式和觀念，消費者也對品牌有很大程度上的依賴，成為精神上的寄託。要做到這一點，真是非常不容易的，然而可口可樂做到了。

誰都想做長壽型企業，作為企業家想要打造長壽型企業，就必須把事關企業發展的各個相關要素都安排好，把品牌建設成經得起陽光曝晒的品牌。可以說，誰能做到這一點，誰就能持續發展。

相關連結：可口可樂家族尋根

可口可樂家族以「黑金」而發家，創造了世界飲料史上的一大奇蹟。

彭伯頓是一個藥劑師，自封為「醫學博士」。西元 1886 年 5 月的一天，他在自家後院用一口銅鍋提煉出了一種黑色藥劑原漿，將之摻入汽水中，開始了可口可樂的生產。一年之後，彭伯頓將配方的股權讓出，落到了坎德勒、沃克和他妹妹手中。西元 1888 年，坎德勒先後花了 2,300 美元買下可口可樂的全部股權。

西元 1892 年，坎德勒正式啟用可口可樂這個公司名字，從此這個名字將伴隨著坎德勒家族一起走向輝煌。

西元 1919 年可口可樂公司被出售以後，坎德勒家族失去了控制權，但他們還有參與權，仍然是可口可樂中的一員。可口可樂的新老闆伍德羅夫在經歷了蔗糖短缺的挫折後，決定請坎德勒家族的人再次出面主掌公司業務，他選中了精明能幹的霍華德（Charles Howard Candler）。作為可口可樂家族的第二代成員，霍華德遺傳了他父親的優秀能力，從小就表現出了總裁的才幹。1921 年，當霍華德意識到伍德羅夫只需要一個傀儡時，他離開了可口可樂公司。

在坎德勒家族中，巴迪（Asa Griggs "Buddie" Candler Jr.）是位特殊的角色。他沒有其兄霍華德那種刻苦勤奮、恪盡職守的精神，在某些方面甚至更像一個惡少。西元 1899 年巴迪奉父之命前往加利福尼亞，為可口可樂選擇廠址，同時負責接管洛杉磯工廠。在可口可樂的成長中，巴迪雖然沒有其父兄的功勞，但其所作的努力也不容忽視。

伍德羅夫之後，戈祖耶塔成為可口可樂的皇帝。此時坎德勒家族在可口可樂的影響力早已大不如前，除了董事會有幾個名額外，大致失去決策權。

現在的可口可樂公司，坎德勒家族的股東仍然很多，遺憾的是董事會中已經沒有坎德勒家族的成員了。即使如此，對於這個龐大的可口可樂帝國，坎德勒家族仍足以自豪。誰能忽視和抹殺坎德勒家族對可口可樂所作的貢獻？他們應該自豪。

相關連結：可口可樂家族尋根

電子書購買

國家圖書館出版品預行編目資料

大翻盤！企業反敗為勝啟示錄：景氣不好人人慘，公司倒臺怎麼辦？九大外企奇蹟復活的祕密，不該只有你被蒙在鼓裡！ / 石曉林，伍祚祥著 . -- 第一版 . -- 臺北市：崧燁文化事業有限公司 , 2022.10
面； 公分
POD 版
ISBN 978-626-332-740-5(平裝)
1.CST: 危機管理 2.CST: 企業經營
494 111014084

大翻盤！企業反敗為勝啟示錄：景氣不好人人慘，公司倒臺怎麼辦？九大外企奇蹟復活的祕密，不該只有你被蒙在鼓裡！

臉書

作 者：石曉林，伍祚祥
編 輯：鄭馥萱
發 行 人：黃振庭
出 版 者：崧燁文化事業有限公司
發 行 者：崧燁文化事業有限公司
E-mail：sonbookservice@gmail.com
粉 絲 頁：https://www.facebook.com/sonbookss/
網 址：https://sonbook.net/
地 址：台北市中正區重慶南路一段六十一號八樓 815 室
Rm. 815, 8F., No.61, Sec. 1, Chongqing S. Rd., Zhongzheng Dist., Taipei City 100, Taiwan
電 話：(02) 2370-3310 傳 真：(02) 2388-1990
印 刷：京峯彩色印刷有限公司（京峰數位）
律師顧問：廣華律師事務所 張珮琦律師

定 價：350 元
發行日期：2022 年 10 月第一版
◎本書以 POD 印製